高等职业教育精品工程规划教材

EDA 技术及应用项目教程

主　编　李福军　刘立军
副主编　杨　雪　山　磊
　　　　张　艳　徐运武

电子工业出版社
Publishing House of Electronics Industry
北京·BEIJING

内 容 简 介

本书根据理实一体化教学的需要,以项目导向、任务驱动为主线,采取项目式的教学方法来编写,将 EDA 技术分为 5 个训练项目,内容包括数字系统设计与开发环境、VHDL 语言设计基础、组合逻辑电路设计、时序逻辑电路设计、EDA 技术综合实践。

本书各项目训练内容遵循由浅入深、循序渐进的原则,充分体现了教、学、做一体化的课程改革新理念。为增强教学效果和拓展技能,在每个项目中配有项目分析、技能目标、项目练习,在重点和难点之处插入"知识链接"和"核心提示"等关键环节,书后附有习题答案。通过讲解一些实用电路的 EDA 设计,达到培养学生的实践技能和创新精神的目的。

本书注重应用、适用性强,可作为高职高专院校电子信息类、计算机类、通信类、自动化类等电类专业的教材,也可作为相关专业工程技术人员的参考用书。

图书在版编目(CIP)数据

EDA 技术及应用项目教程 / 李福军,刘立军主编. —北京:电子工业出版社,2015.1

ISBN 978-7-121-24819-1

Ⅰ.①E… Ⅱ.①李… ②刘… Ⅲ.①电子电路—电路设计—计算机辅助设计—高等职业教育—教材 Ⅳ.①TN702

中国版本图书馆 CIP 数据核字(2014)第 273420 号

策划编辑:郭乃明
责任编辑:郝黎明
印　　刷:北京建筑工业印刷厂
装　　订:北京建筑工业印刷厂
出版发行:电子工业出版社
　　　　　北京市海淀区万寿路 173 信箱　邮编　100036
开　　本:787×1 092　1/16　印张:14.75　字数:377.6 千字
版　　次:2015 年 1 月第 1 版
印　　次:2015 年 1 月第 1 次印刷
定　　价:33.00 元

凡所购买电子工业出版社图书有缺损问题,请向购买书店调换。若书店售缺,请与本社发行部联系,联系及邮购电话:(010)88254888。

质量投诉请发邮件至 zlts@phei.com.cn,盗版侵权举报请发邮件至 dbqq@phei.com.cn。

服务热线:(010)88258888。

前　言

　　EDA（Electronic Design Automation，即电子设计自动化）技术是20世纪末期迅速发展起来的现代电子工程领域的一门新技术，其应用水平和广度已成为一个国家电子信息工业现代化的重要标志之一。EDA技术以可编程逻辑器件（PLD）为载体，以计算机为工作平台，以EDA工具软件为开发环境，以硬件描述语言（HDL）为手段，使电子电路硬件系统的设计如同软件设计一样方便快捷。

　　随着现代电子产品性能的进一步提高，系统功能越来越复杂，集成化和智能化程度也越来越高，如何实现电子产品的功能多样化、体积小型化、功耗最低化，提高电路设计的效率和可靠性，是电子工程师必须要面对和解决的问题。目前EDA技术已成为许多高职高专院校电子信息类专业学生必须掌握的一门重要技术，它能克服小规模数字集成电路功能固化、电路板形式单调的缺点，对培养学生的综合分析与设计能力、实践创新能力和提高综合素质都具有重要的意义。

　　本书根据高等职业院校人才培养目标和职业技能需要，以适用、够用为度，采取"项目载体、任务驱动"的编写原则，精选教学内容，合理设置了5个项目。其中项目1对EDA技术的发展应用、设计流程及常用EDA工具进行了概述，同时介绍PLD的结构特点、FPGA/CPLD器件及其配置与编程；项目2介绍硬件描述语言VHDL的语法特点，同时结合语言的应用给出了丰富的设计实例；项目3、项目4用VHDL给出常用数字单元电路的设计，使学生可以快速掌握用VHDL设计基本组合逻辑和时序逻辑电路的技能；项目5精选了5个典型综合应用实例，主要通过由模块构建数字系统，培养学生实际应用的开发能力。建议教学学时数在60学时左右。

　　需要指出的是，EDA技术的核心是VHDL语言的设计，主要描述数字电路及系统的逻辑功能，因此要求必须掌握数字电路的基本知识。同时要多上机练习、勤于思考，充分理解EDA技术的实质，掌握VDHL编程技巧。

　　由于编者水平所限，加之时间仓促，书中难免存在差错和疏漏，恳请使用本书的广大读者批评指正（编者信箱：lifujun0415@163.com）。

　　本书由辽宁机电职业技术学院李福军、刘立军、杨雪共同编写，其中李福军编写了项目1、项目5，刘立军编写了项目2、项目3，杨雪编写了项目4、参考答案及附录，全书由李福军统稿。广东松山职业技术学院张艳、徐运武和连云港职业技术学院山磊对本书的编写做了很多工作，对部分VHDL程序进行了验证，提出了许多宝贵意见和建议，在此表示衷心的感谢！

编　者

目　录

项目 1　数字系统设计与开发环境 ··· 1
任务 1.1　EDA 技术综述 ·· 1
1.1.1　认识 EDA 技术 ··· 1
1.1.2　MAX+plus II 软件的功能及支持的器件 ·· 4
1.1.3　MAX+plus II 软件的安装与注册 ··· 8
任务 1.2　EDA 设计指南 ·· 10
1.2.1　MAX+plus II 的设计流程 ··· 10
1.2.2　Quartus II 的设计流程 ·· 22
任务 1.3　可编程逻辑器件综述 ··· 33
1.3.1　可编程逻辑器件的发展 ··· 33
1.3.2　可编程逻辑器件基础 ··· 33
1.3.3　可编程逻辑器件的分类 ··· 35
任务 1.4　CPLD/FPGA 器件知识 ··· 37
1.4.1　CPLD 的基本结构 ··· 37
1.4.2　FPGA 的基本结构 ··· 39
1.4.3　CPLD/FPGA 产品概述 ·· 44
1.4.4　CPLD 和 FPGA 的比较 ··· 47

项目 2　VHDL 语言设计基础 ··· 54
任务 2.1　认识 VHDL 语言 ·· 54
2.1.1　VHDL 简介 ··· 54
2.1.2　VHDL 的定义及构成 ··· 55
任务 2.2　VHDL 的描述结构 ·· 57
2.2.1　实体（Entity） ·· 57
2.2.2　结构体（Architecture） ··· 59
2.2.3　程序包（Package）与 use 语句 ·· 60
2.2.4　库（Library） ··· 61
2.2.5　配置（Configuration） ·· 62
2.2.6　标识符 ··· 63
2.2.7　保留字 ··· 64
任务 2.3　VHDL 的数据对象 ·· 64
2.3.1　信号 ··· 64
2.3.2　变量 ··· 65
2.3.3　常量 ··· 67
任务 2.4　VHDL 的数据类型 ·· 67

任务 2.5　VHDL 的运算符 ··70
　　2.5.1　逻辑运算符 ···70
　　2.5.2　算术运算符 ···70
　　2.5.3　关系运算符 ···72
　　2.5.4　符号运算符 ···72
　　2.5.5　移位运算符 ···73
　　2.5.6　操作符的运算优先级 ···73
任务 2.6　顺序描述语句 ··74
任务 2.7　变量赋值语句和信号赋值语句 ··75
　　2.7.1　if 语句 ··75
　　2.7.2　case 语句 ··78
　　2.7.3　loop 语句 ··79
　　2.7.4　next 和 exit 跳出循环语句 ···81
　　2.7.5　null 语句 ··83
　　2.7.6　wait 语句 ··83
　　2.7.7　assert 语句 ···84
　　2.7.8　子程序调用语句 ··84
　　2.7.9　return 语句 ···85
任务 2.8　并行描述语句 ··85
　　2.8.1　并行信号赋值语句 ···85
　　2.8.2　进程语句 ···87
　　2.8.3　元件例化语句 ···88
　　2.8.4　生成语句 ···89
　　2.8.5　块语句 ··89
任务 2.9　子程序 ···90
　　2.9.1　过程 ···90
　　2.9.2　函数 ···90

项目 3　组合逻辑电路设计 ···95

任务 3.1　逻辑门电路的 VHDL 设计 ···95
　　3.1.1　二输入与非门电路 ···95
　　3.1.2　二输入或非门电路 ···96
　　3.1.3　反相器电路 ··98
　　3.1.4　二输入异或门电路 ···99
　　3.1.5　二输入同或门电路 ···100
任务 3.2　运算电路设计 ··101
　　3.2.1　半加器的设计 ···101
　　3.2.2　全加器的设计 ···102
　　3.2.3　乘法器的设计 ···104
任务 3.3　编码器的设计 ··105

    3.3.1 编码器工作原理分析 ·· 105
    3.3.2 8 线-3 线编码器的 VHDL 描述 ··· 106
    3.3.3 8 线-3 线优先编码器的设计 ·· 107
  任务 3.4 译码器的设计 ·· 109
    3.4.1 译码器工作原理分析 ·· 109
    3.4.2 3 线-8 线译码器的 VHDL 设计 ··· 110
  任务 3.5 数据选择器的设计 ··· 111
    3.5.1 数据选择器工作原理 ·· 111
    3.5.2 数据选择器的 VHDL 设计 ··· 112
  任务 3.6 数值比较器的设计 ··· 112
    3.6.1 数值比较器工作原理 ·· 112
    3.6.2 数值比较器的 VHDL 设计 ··· 113
  任务 3.7 三态门与双向缓冲电路设计 ·· 114
    3.7.1 三态门的设计 ··· 114
    3.7.2 双向缓冲器电路设计 ·· 114
  任务 3.8 七段 LED 数码管扫描显示电路设计 ··· 116
    3.8.1 LED 数码管及其显示电路 ·· 116
    3.8.2 静态 LED 数码管显示电路设计 ··· 117
    3.8.3 动态 LED 数码管显示电路设计 ··· 118

项目 4 时序逻辑电路设计 ·· 135

  任务 4.1 D 触发器的设计 ·· 135
    4.1.1 时钟信号的描述 ··· 135
    4.1.2 复位信号的描述 ··· 136
    4.1.3 简单 D 触发器设计 ·· 137
    4.1.4 异步复位/同步复位 D 触发器的设计 ··· 138
  任务 4.2 寄存器和移位寄存器的设计 ··· 141
    4.2.1 寄存器的设计 ··· 141
    4.2.2 串入/串出移位寄存器的设计 ··· 142
    4.2.3 串入/并出移位寄存器的设计 ··· 143
  任务 4.3 计数器及其设计方法 ··· 144
    4.3.1 计数器基本概念 ··· 144
    4.3.2 同步计数器的设计 ··· 145
    4.3.3 异步计数器的设计 ··· 147
    4.3.4 可逆计数器的设计 ··· 148
  任务 4.4 分频器的设计 ·· 149
    4.4.1 分频器及其设计方法 ·· 149
    4.4.2 偶数分频电路设计 ··· 150
    4.4.3 奇数分频电路设计 ··· 152
  任务 4.5 有限状态机的设计 ··· 153

    4.5.1　状态机的基本结构和功能·····················153
    4.5.2　一般有限状态机的设计·······················154
    4.5.3　Moore 型状态机的设计······················155
    4.5.4　Mealy 型状态机的设计······················157
  任务 4.6　存储器设计·····································159
    4.6.1　只读存储器（ROM）的设计·················159
    4.6.2　读写存储器（SRAM）的设计················160

项目 5　EDA 技术综合实践·····························176
  任务 5.1　数字频率计的设计······························176
    5.1.1　设计要求与方案····························176
    5.1.2　模块设计及仿真····························177
    5.1.3　VHDL 一体化程序设计······················181
  任务 5.2　数字钟的设计··································182
    5.2.1　设计要求与方案····························182
    5.2.2　模块设计及仿真····························183
  任务 5.3　抢答器的设计··································191
    5.3.1　设计要求与方案····························191
    5.3.2　模块设计及仿真····························191
  任务 5.4　交通灯控制器的设计····························198
    5.4.1　设计要求与方案····························198
    5.4.2　模块设计及仿真····························199
  任务 5.5　多功能信号发生器的设计························204
    5.5.1　设计要求与方案····························204
    5.5.2　模块设计及仿真····························204

附录 A　MAX+plusII 在 Windows 2000 上的安装设置············212
附录 B　常用 FPGA/CPLD 引脚图······························213
参考答案··216
参考文献··225

项目 1　数字系统设计与开发环境

◎ **项目分析**

通过了解数字电路系统的设计方法，掌握现代电子技术开发的新理念，为进一步学习电子设计自动化（EDA）技术在实际工程中的应用打下基础。

◎ **技能目标**

本项目划分为两大知识模块：EDA 软件和 EDA 器件。通过学习，应达到以下技能目标：
（1）了解 EDA 技术的发展及其应用。
（2）掌握 EDA 相关设计工具的使用方法和设计流程。
（3）熟悉可编程逻辑器件的基本结构与选型。

任务 1.1　EDA 技术综述

1.1.1　认识 EDA 技术

1. 电子系统的概念

由电子元器件及相关装置组成的、能实现某些特定功能的电子电路称为电子系统。电子系统根据接收处理的信号的不同，可分为模拟电子系统、数字电子系统、混合(模拟+数字)电子系统三大类。

无论是现代高精尖电子设备如雷达、软件无线电电台等，还是为人们所熟悉的笔记本电脑、智能手机、数码录像机等现代电子装置，其核心构成都是数字电子系统。图 1-1 所示是一个以 Altera 公司可编程逻辑器件为核心的数字电子系统电路板。

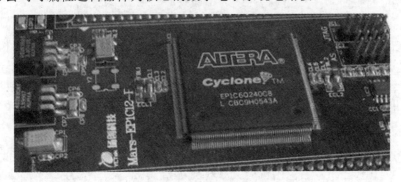

图 1-1　数字电子系统实物图

2. EDA 技术的含义

EDA 是 Electronic Design Automation（电子设计自动化）的缩写。EDA 技术就是依

靠功能强大的电子计算机，在 EDA 工具软件平台上，对以硬件描述语言 HDL(Hardware Description Language)为系统逻辑描述手段完成的设计文件，自动地完成逻辑编译、化简、分割、综合、优化和仿真，直至下载到可编程逻辑器件（CPLD/FPGA）或专用集成电路（ASIC）芯片中，实现既定的电子电路设计功能，最终形成集成电子系统或专用集成芯片的一门新技术。

知识延伸——EDA 技术的发展史

随着计算机、集成电路技术的迅猛发展，EDA 技术主要经历了以下三个阶段：

（1）20 世纪 70 年代的计算机辅助设计（Computer Assist Design，CAD）阶段。

（2）20 世纪 80 年代的计算机辅助工程设计（Computer Assist Engineering Design，CAED）阶段。

（3）20 世纪 90 年代电子系统设计自动化（Electronic Design Automation，EDA）阶段。

需要强调的是，前两个阶段与 EDA 技术有着本质的区别，因为这两个阶段均不能自动完成复杂电子系统的设计工作。纵观整个电子技术随器件的发展过程如图 1-2 所示。

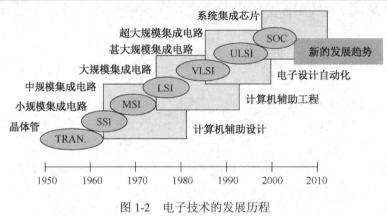

图 1-2　电子技术的发展历程

3. 现代电子系统的设计方法

自从诞生了可编程逻辑器件，特别是 EDA 技术的发展和普及给电子系统的设计带来了革命性的变化，并已渗透到电子系统设计的各个领域。

传统的数字系统设计只能是在设计完电路板后，把所需的具有固定功能的标准集成电路像搭积木一样连接起来，实现该系统的功能。利用 EDA 工具，采用可编程器件，通过设计芯片来实现系统功能，这样不仅可以通过芯片设计实现多种数字逻辑系统功能，而且由于引脚定义的灵活性，大大减轻了电路图设计和电路板设计的工作量和难度，从而有效地增强了设计的灵活性，提高了工作效率；同时基于芯片的设计可以减少芯片的数量，缩小系统体积，降低能源消耗，提高系统的性能和可靠性。

现在半导体集成电路已由早期的单元集成、部件电路集成发展到整机电路集成和系统电路集成。电子系统的设计方法也由过去的那种先购买集成电路厂家生产的通用芯片，用户采用这些芯片组成电子系统的"Bottom-up"（自底向上）设计方法改变为一种新的"Top-down"（自顶向下）设计方法。两种不同的电子系统设计方法如图 1-3 所示。

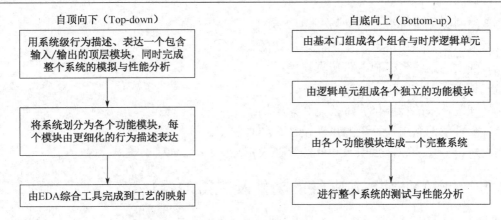

图 1-3 自顶向下与自底向上的设计步骤

4. EDA 技术的基本特征

（1）"自顶向下"的设计方法。传统的电子设计通常为"自底向上"的方法，是一种低效、低可靠性、高成本的设计方法。"自顶向下"与此不同，其设计方法首先从系统级设计入手，在顶层进行功能方框图的划分和结构设计；在方框图级进行仿真、纠错，并用硬件描述语言对高层次的系统行为进行描述；在功能级进行验证，然后用逻辑综合优化工具生成具体的门级逻辑电路的网表，最后在物理级实现印刷电路板或专用集成电路。这种设计方法有利于在早期发现结构设计中的错误，提高了设计的一次成功率，大大降低了成本，因而在现代 EDA 系统中被广泛采用。

（2）硬件描述语言（HDL）。采用硬件描述语言进行电路与系统的设计是 EDA 技术的一个重要特征。与传统的原理图输入设计方法相比较，硬件描述语言更适合于规模日益增大的电子系统，它还是进行逻辑综合优化的重要工具。目前最常用的硬件描述语言有 VHDL 和 Verilog-HDL，它们都已经成为 IEEE（美国电子电气工程师协会）标准。

知识链接——关于 IEEE 标准

美国电气和电子工程师协会（Institute of Electrical and Electronics Engineers，IEEE）是一个国际性的电子技术与信息科学工程师的协会，是世界上最大的专业技术组织之一，拥有来自近200个国家的36万会员。IEEE标准已成为世界通用的行业标准。

（3）开放性和标准化。任何一个 EDA 系统只要建立了一个符合标准的开放式框架结构，就可以接纳其他厂商的 EDA 工具一起进行设计工作。这样，框架作为一套使用和配置 EDA 软件包的规范，就可以实现各种 EDA 工具间的优化组合，并集成在一个易于管理的统一的环境之下，实现资源共享。

（4）逻辑综合与优化。逻辑综合是 20 世纪 90 年代电子学领域兴起的一种新的设计方法，是以系统级设计为核心的高层次设计。

（5）库（Library）。EDA 工具必须配有丰富的库，包括元器件图形符号库、元器件模型库、工艺参数库、标准单元库、可复用的电路模块库、IP 库等。

5. EDA 技术的优势

传统的数字系统设计一般采用"搭积木"的手工设计方式。相比之下，采用 EDA 技术进行电子系统的设计有着很大的优势。

(1) 采用硬件描述语言,便于复杂系统的设计;
(2) 强大的系统建模和电路仿真功能;
(3) 具有自主的知识产权和保密性;
(4) 开发技术的标准化、规范化和兼容性;
(5) 全方位地利用计算机的自动设计、仿真和测试技术;
(6) 对设计者的硬件知识和硬件经验要求不高。

1.1.2　MAX+plus II 软件的功能及支持的器件

可编程器件的设计离不开 EDA 软件。现在有多种支持 CPLD 和 FPGA 的设计软件,有的设计软件是由芯片制造商提供的,其中 Altera 开发的 MAX+plus II 软件包(Quartus II 软件包是它的升级版)应用比较广泛。

1. MAX+plus II 软件简介

MAX+plus II 是 Altera 公司提供的 CPLD/FPGA 开发软件,其界面友好、集成化程度高。在 MAX+plusII 上可以完成设计输入、元件适配、时序仿真和功能仿真、编程下载整个流程,支持原理图、VHDL 和 Verilog 语言文本文件以及波形和 EDIF 等格式的文件作为设计输入。它提供了一种与结构无关的设计环境,使设计者能方便地进行设计输入、快速处理和器件编程,因此被誉为业界最易学易用的 EDA 软件。

可编程逻辑器件能达到最高的性能和集成度,不仅仅是因为采用了先进的工艺和全新的逻辑结构,还在于提供了现代化的设计工具。使用 MAX+plus II,设计者无须精通器件内部的复杂结构,而只需要用自己熟悉的设计输入工具(如原理图或硬件编程语言)建立设计,MAX+plus II 会自动把这些设计转换成最终结构所需的格式。由于有关结构的详细知识已装入开发工具,设计者不需手工优化自己的设计,因此设计速度非常快。

2. MAX+plus II 的主要功能

MAX+plus II 软件功能强大,具有综合设计能力,主要功能包括设计输入、编译、功能仿真、器件下载等方面。

(1) 原理图输入(Graphic Editor)。MAX+plus II 软件具有图形输入能力,用户除了能调用库中的元件外,还可以调用该软件中的符号功能形成的功能模块。原理图编辑适用于较简单的电路设计,完成的文件格式为*.gdf,如图 1-4 所示。另外,用原理图符号编辑器(Symbol Editor)也可以编辑或创建符号文件,文件的格式为*.sym,如图 1-5 所示。

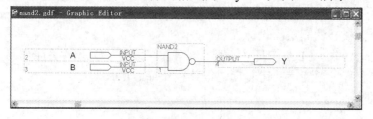

图 1-4　原理图编辑窗口

（2）文本输入（Text Editor）。MAX+plus Ⅱ 软件中的文本编辑器支持 VHDL 和 Verilog 硬件描述语言的输入，并可以对这些程序语言进行编译，形成下载配置数据。用 VHDL 语法编写的文件格式为*.vhd。可以设计程序创建一个符号文件供图形编辑器使用，如图 1-6 所示。

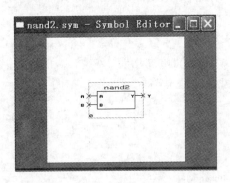
图 1-5　符号编辑窗口

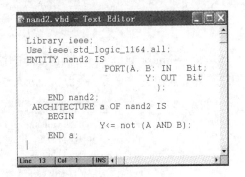
图 1-6　文本编辑窗口

（3）波形编辑器（Waveform Editor）。MAX+plus Ⅱ 的波形编辑器一方面可作为波形输入用于设计电路，其文件格式为*.wdf；另一方面则可以用来观察仿真时产生的波形，其文件格式为*.scf，如图 1-7 所示。

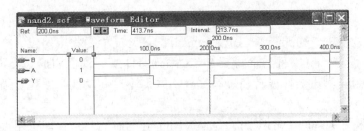
图 1-7　波形编辑窗口

（4）编译（Compiler）。MAX+plus Ⅱ 的编译功能是将电路设计文件转换成可烧写用的输出文件，如*.pof 文件与*.sof 文件。若是编译成功还会产生一些文件名相同但扩展名不同的文件，如*.cnf 文件、*.rpt 文件与*.snf 文件。所有写出的程序都必须经过编译后才可以进行时序分析、仿真与烧写，如图 1-8 所示。

图 1-8　编译窗口

（5）信息提示（Messages）。当各类型的程序编译后都会有信息窗口呈现错误或警告信息，可利用窗口左下方的"Messages"和"Locate"按钮切换至 VHDL 程序中错误发生位置。单击右下角的"Help on Message"按钮则可显示提示信息，如图 1-9 所示。

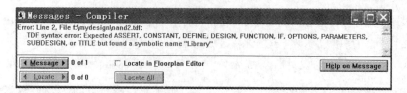

图 1-9　信息窗口

（6）仿真（Simulator）。MAX+plusⅡ的波形编辑器的仿真功能非常强大，可以测试所设计电路的逻辑功能与时序关系，利用此仿真功能可以验证电路的正确性，如图 1-10 所示。

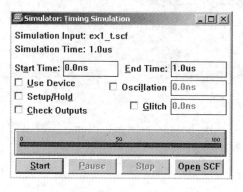

图 1-10　仿真窗口

（7）编程下载（Programmer）。MAX+plusⅡ的烧写功能是将电路设计文件转换后的输出文件（如*.pof 文件与*.sof 文件）烧写至 MAX 系列器件或下载至 FLEX 系列、ACEX 系列器件，亦可用来检验与测试器件或转换烧写文件格式。不过此功能必须配合硬件实验板方能进行，如图 1-11 所示。

（8）时间分析（Timing Analyzer）。MAX+plusⅡ的时间分析功能可用来分析各个信号到输出端的延迟时间。借助时间分析的功能可加快所设计器件的处理速度，如图 1-12 所示。

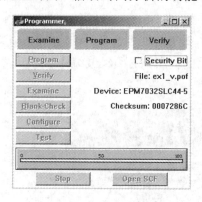 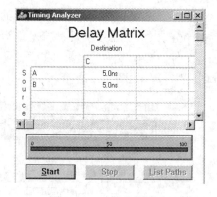

图 1-11　编程下载窗口　　　　　　　图 1-12　时间分析窗口

（9）引脚（底层）编辑（Floorplan Editor）。MAX+plusⅡ的引脚（底层）编辑功能可以如同实际器件配线般地配置电路输出/输入脚，通过鼠标的拖拉，方便地定义引脚的功能，如图 1-13 所示。

（10）体系显示窗口（Hierarchy Display）。MAX+plusⅡ的体系显示窗口显示目前电路能够利用（正在使用中）和产生的所有文件，并可在此窗口中打开或关闭文件，如图 1-14 所示。

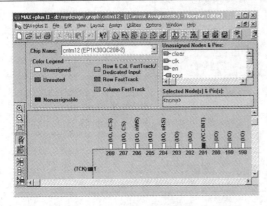

图 1-13 引脚编辑窗口　　　　　　　　　图 1-14 体系显示窗口

3. MAX+plusII 软件支持的器件

MAX+plusII 支持除 APEX20K 系列之外所有的 Altera 大规模 CPLD/FPGA 可编程逻辑器件。此外还支持的器件有 ACEX1K、EPF10K10、EPF10K10A、EPF10K20、EPF10K30A、EPM9320、EPM9320A、EPF8452A、EPF8282A、FLEX 6000/A 系列、MAX 5000 系列、ClassicTM 系列以及 MAX® 7000 系列（含 MAX7000A、MAX7000AE、MAX7000E、MAX7000S）。

MAX+plusII 与其他 EDA 工具具有良好的接口功能，支持主流的第三方 EDA 工具，如 Synopsys、Cadence、Synplicity、Mentor、Viewlogic 和 Exemplar 等。

实用资料——可编程逻辑器件厂商及软件

随着可编程逻辑器件应用的日益广泛，许多IC制造厂家涉足PLD/FPGA领域。目前世界上有十几家生产CPLD/FPGA的公司，最大的三家是Altera、Xilinx、Lattice。作为一名优秀的电子设计工程师，必须对一些知名的相关PLD厂商及其产品有一定的了解，这样才能更好地完成设计任务。

（1）Altera：Altera公司在20世纪90年代以后发展迅速，是目前最大的可编程逻辑器件供应商之一。其主要产品有MAX3000/7000、FLEX6000/8000、FLEX10K等，可用门数为5000～250 000，开发软件为MAX+plusⅡ和QuartusⅡ。

（2）Xilinx：Xilinx是老牌的PLD公司，FPGA的发明者，最大的可编程逻辑器件供应商之一。其产品种类较多，主要有XC2000/3000/4000、XC4000E、XC5200等，可用门数为1200～18 000，开发软件为Foundation和ISE。

（3）Lattice：Lattice是ISP（在系统编程）技术的发明者，第三大可编程逻辑器件供应商，ISP技术极大地促进了PLD产品的发展。主要产品有ispLSI2000/5000/8000、MACH4/5、ispMACH4000等。

（4）Actel：反熔丝（一次性烧写）技术的领导者。由于反熔丝PLD抗辐射、功耗低、速度快、耐高低温，因此它在军工方面具有优势。

总体来看，在欧洲 Xilinx 的用户较多，在亚太地区 Altera 的用户较多，在美国则是平分秋色。全球 60%以上 CPLD/FPGA 产品是由 Altera 公司和 Xilinx 公司提供的。它们共同决定了 PLD 技术的发展方向。

表1-1列出了主要厂商开发的EDA软件特性。

表 1-1 EDA 主要开发软件的特性

厂商	EDA 软件名称	适用器件系列	输入方式
Lsttice	Aynario	MACH、GAL、ispLSI、pLSI 等	原理图、ABEL 文本、VHDL 文本等
Lsttice	Expert LEVER	ispLSI、pLSI、MACH 等	原理图、VHDL 文本等
Altera	MAX+plus II	MAX、FLEX 等	原理图、波形图、ABEL 文本、VHDL 文本等
Altera	Quartus II	MAX、FLEX、APEX 等	原理图、波形图、ABEL 文本、VHDL 文本、VenlogHDL 文本等
Actel	Actel Designer	SX 系列、MX 系列	原理图、VHDL 文本等
Xilinx	Alliance	Xilinx 各种系列	原理图、VHDL 文本等
Xilinx	Foundation	XC 系列	原理图、VHDL 文本等

1.1.3 MAX+plus II 软件的安装与注册

1. MAX+plus II 软件的安装

进入 MAX+plusII 软件的安装目录，找到并单击 Setup.exe 文件启动安装程序后，出现如图 1-15 所示的安装界面。

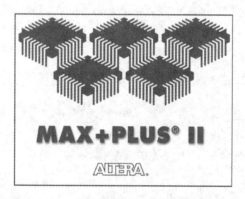

图 1-15 安装界面

此时会弹出如图 1-16 所示的安装向导，单击"Next"按钮会出现如图 1-17 所示的窗口，此窗口是 Altera 公司的授权许可协议。单击"Yes"按钮，接受该协议。

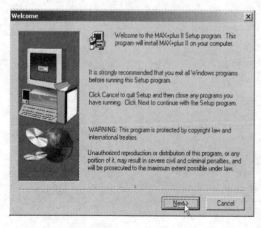

图 1-16 安装向导

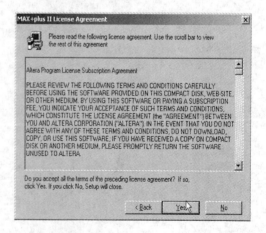

图 1-17 授权许可协议

项目1 数字系统设计与开发环境

在出现如图 1-18 所示的窗口中输入你的用户名和公司名（可随意），单击"Next"按钮；在如图 1-19 所示的选择安装方式窗口中，推荐选择"Full Installation"完全安装方式，单击"Next"按钮。

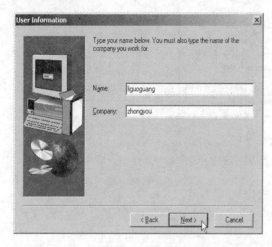 

图 1-18 用户信息窗口　　　　　　　　　图 1-19 选择安装方式

图 1-20 所示为安装路径窗口，可选择默认安装路径为"D:\maxPlus2"，单击"Next"按钮。也可单击"Browse"按钮进行其他路径设置。连续单击"Next"按钮，直到出现如图 1-21 所示的程序安装界面，此时需要耐心等待几分钟，待自动安装完毕，会弹出 MAX+plusII 软件组件在程序菜单下的快捷方式文件夹界面。

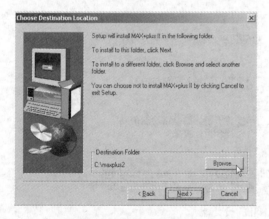 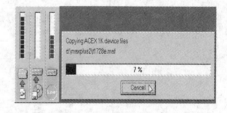

图 1-20 安装路径窗口　　　　　　　　　图 1-21 正在安装程序界面

2. MAX+plus II 软件的注册

在第一次运行 MAX+plus II 软件时，需要对其进行注册才可使用。

当第一次运行 MAX+plus II 软件时，将会出现如图 1-22 所示窗口。Alera 公司要求用户利用右侧滚动条阅读完全部文档，界面下方的"Yes"按钮才被激活，表示 Alter 公司已同意你使用该软件，可以进行注册了。单击"Yes"按钮进入 MAX+plus II 的主界面，在主界面菜单中选择"Options"→"License Setup"菜单，在弹出的"License Setup"对话框中单击"Browse"按钮，然后选择"D:\maxplus2"，并选择 license.dat 为授权文件，分别单击"OK"按钮后，退出 MAX+plus II，至此注册完成。

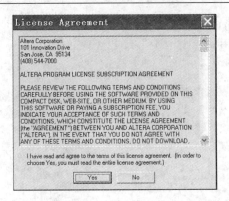

图 1-22 版权宣告

重新运行 MAX+plusII 就可以正常使用本软件了，至此安装完毕。

任务 1.2　EDA 设计指南

1.2.1　MAX+plusⅡ的设计流程

MAX+plusII 软件集成度高，包含了设计输入、编译、综合、仿真及硬件配置、编程下载等功能。整个设计流程如图 1-23 所示。

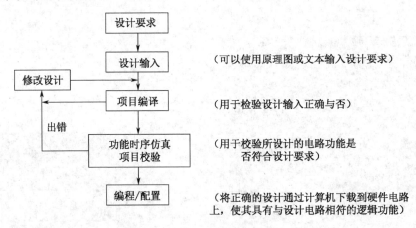

图 1-23　MAX+plusⅡ的设计流程

（1）设计输入：用图形、文本和波形编辑器实现图形、VHDL、Verilog HDL 或波形的输入，也可输入网表文件。

（2）项目编译：提供了一个完全集成的编译器（Compiler），它可直接完成从网表提取到最后编程文件的生成，包含时序模拟、适配的标准文件。

（3）功能时序仿真项目校验：对设计项目的功能、时序进行仿真和时序分析，判断输入输出间的延迟。

（4）项目编程：将设计的文件下载/配置到所选择的器件中。

下面以原理图输入法为例作为入门训练，具体解释 MAX+plusⅡ的一般设计流程（VHDL 语言文本输入法也适用此流程）。

【设计实例】用 74161 设计一个十二进制的计数器。

首先建立设计项目文件夹，其路径为"d:\mydesign\graph"。

```
              项目文件夹
              设计总文件夹
```

双击 MAX+plus II 的图标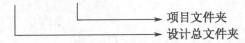，或从"开始"→"程序"→"Altera"→"MAX+plus II"启动。

1. 建立设计项目

（1）启动 MAX+plus II，进入如图 1-24 所示的 MAX+plus II 管理器窗口。执行"File"→"Project"→"Name"命令，进入工程项目命名选项。

（2）在如图 1-25 所示的"Directories"选项区域中选中刚才为项目建立所设定的文件路径；在"Project Name"输入框中输入项目名"cntm12"（MAX+plus II 软件不区分英文大小写），单击"OK"按钮即完成工程项目的建立。

图 1-24 工程命名选项　　　　　图 1-25 工程项目确定

2. 新建设计文件

（1）执行"File"→"New"命令，出现如图 1-26 所示的"新建设计文件"对话框。选择"File Type"选项区域中的原理图编辑输入项"Graphic Editor file"，单击"OK"按钮后即可打开原理图编辑窗口。

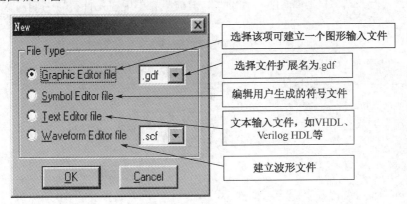

图 1-26 "新建设计文件"对话框

（2）在原理图编辑窗口区内的任意位置右击，在出现的快捷菜单中选择输入元件项"Enter Symbol"，将出现如图 1-27 所示的"元件输入"对话框。

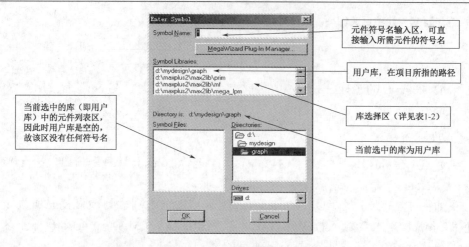

图 1-27 "元件输入"对话框

知识延伸——原理图库

MAX+plus II 为实现不同的逻辑功能提供了大量的库文件,每个库对应一个目录。这些库根据其功能与特点不同可进行划分,如表 1-2 所示。

表 1-2 原理图输入的库文件列表

库 名	内 容
用户库	用户自建的元器件,即一些底层设计
prim(基本库)	基本的逻辑块器件,如各种门,触发器等
mf(宏功能库)	所有 74 系列逻辑元件,如 7400、74138、74161 等
mega_lpm(可调参数库)	包括参数化模块、复杂的高级功能模块,如可调模值的计数器、FIFO、RAM 等
edif	和 mf 库类似

3. 编辑设计文件

(1)调用库元件。在库选择区双击"d:\maxplus2\max2lib\mf",此时在元件列表区列出了该库中的所有器件,找到"74161"并单击它,此时"74161"会出现在元件符号名输入区中,如图 1-28 所示。

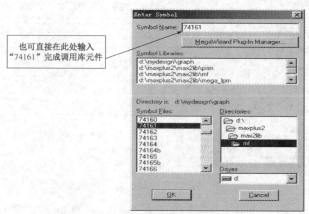

图 1-28 "库元件的调用"对话框

（2）元件调出到编辑窗口。单击"OK"按钮关闭此对话框，此时可发现在原理图编辑器窗口出现了 74161 的符号。同理调入"NAND3"和代表低电平的"GND"（位于库 prim 中），在输入 74161、NAND3、GND 三个符号后的原理图编辑窗口如图 1-29 所示。

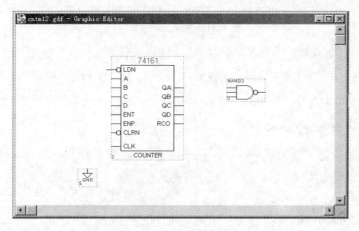

图 1-29　原理图编辑器窗口

（3）设计连线。按设计功能要求进行连线并存盘，完成连线的电路如图 1-30 所示。

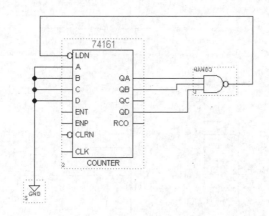

图 1-30　连好线的电路图

小技能——连线方法

① 当要连接元件的两个引脚时，则将鼠标移到其中的一个引脚上，这时鼠标指示符会自动变为"+"形；

② 按住鼠标左键并拖动鼠标至第二个引脚，松开鼠标左键后，则可画好一条连线。

③ 若想删除一条连线，只需用鼠标左键单击该线，被选中的线会变为高亮线（红色），此时按"Delete"键即可删除。

（4）添加输入/输出端口。输入端口的符号名为"INPUT"，输出端口的符号名为"OUTPUT"。仿照前面添加元件的方法调入 3 个输入端口和 5 个输出端口。"INPUT"和"OUTPUT"皆位于库"prim"下，它们外形如图 1-31 所示。

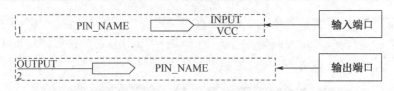

图 1-31　输入/输出端口

（5）端口命名。本例的 3 个输入端口分别是时钟、清零、计数使能输入端，将分别被命名为 clk 、clear 、en。5 个输出端口分别是计数器的 4 个计数输出端和一个进位输出端，分别被命名为 q0、q1、q2、q3 和 cout。

小技能——端口命名方法

> 双击其中一个输入端口的"PIN_NAME"使其变黑，则该端口进入可修改状态；例如，输入"clk"，就完成了时钟输入端口"clk"的命名。
> 依次按同样方法命名其他输入、输出端口。注意：各输入、输出端口不允许有相同名称的命名。输出端口 q0、q1、q2、q3 用网络标号标注。

（6）完成原理图设计。将这些命名后的端口与对应好的元件引脚连接好，可得到十二进制的计数器电路图，如图 1-32 所示。

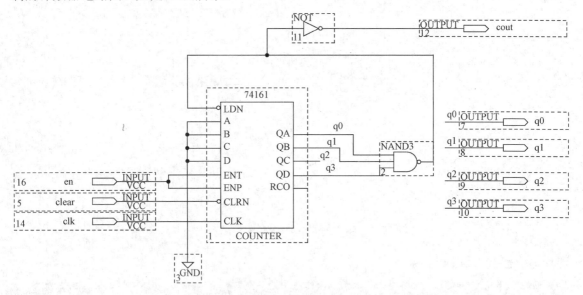

图 1-32　完成编辑的原理图

（7）保存。执行"File"→"Save"命令，出现"文件保存"对话框。选择自己建立的项目路径"d:\mydesign\graph"，将已设计好的原理图文件取名为"cntm12.gdf"（要与前面的工程项目名一致，注意后缀是.gdf），单击"OK"按钮，存盘在此路径下。

4. 编译设计文件

（1）在编译设计文件"cntm12.gdf"之前，必须先将其设置成顶层文件（工程文件）Project。执行"File"→"Project"→"Set Project Current File"命令，当前的工程即被设置为工程文件"cntm12"。注意：设置完后可以看到标题栏显示所设计文件的路径。

（2）执行"MAX+plus II"→"Compiler"命令，将出现如图 1-33 所示的界面。单击"Start"

按钮，编译器将一次完成编译、综合、优化、逻辑分割和适配/布线等操作。

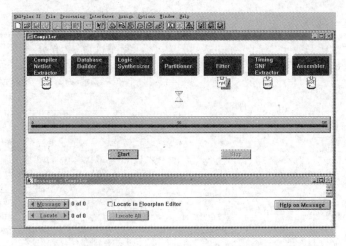

图 1-33　工程项目编译综合器

编译成功后可生成时序模拟文件及器件编程文件。若有错误，编译器将停止编译，并在下面的信息框中给出错误信息，双击错误信息条，一般可给出错误之处。

5. 设计仿真

（1）建立仿真波形文件。执行"File"→"New"命令，在出现的"New"对话框中选中"Waveform Editor file"单选按钮，如图 1-26 所示，单击"OK"按钮后将出现波形编辑器窗口。执行"Node"→"Enter Nodes from SNF"命令，出现如图 1-34 所示的选择信号节点对话框。单击右上侧的"List"按钮，左边的列表框将立即列出所有可以选择的信号节点，然后按中间的"=>"按钮，将左边列表框的节点全部导出到右边的列表框。单击"OK"按钮，选中的信号将出现在波形编辑器中。其中有计数器的输入信号 en、clear 、clk，输出信号 q0、q1、q2、q3 和 cout。最后执行"File"→"Save"命令，在弹出的窗口中将波形文件存在以上的同一目录中，文件取名为"cntm12.scf"。

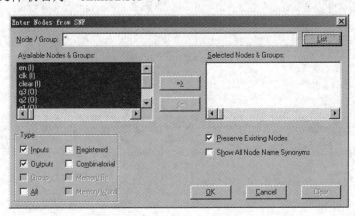

图 1-34　列出并选择需要观察的信号节点

（2）设置输入信号波形参量。

① 波形编辑工具条。波形观察窗口内左排按钮是用于设置输入波形的，如图 1-35 所示。使用时只要先用鼠标在输入波形上拖出需要改变的黑色区域，然后单击左排相应按钮

即可。其中，0、1、X、Z、INV、G分别表示低电平、高电平、任意、高阻态、反相和总线数据设置。

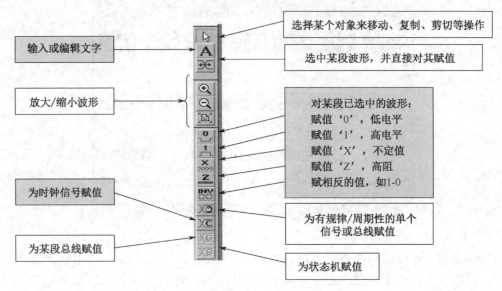

图1-35　输入波形编辑工具条

② 波形编辑选项。在"Options"菜单下可进行有关输入波形网格参数的设置，如图1-36所示。

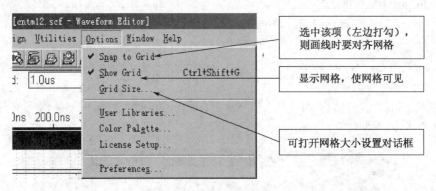

图1-36　输入波形的编辑选项

☞核心提示

去掉网格对齐项"Snap to Grid"左侧的对勾（"√"），才能够在任意位置设置输入信号的高、低电平（或设置时钟信号的周期）。

③ 仿真时间设定。在默认情况下，仿真时间为1μs。可从菜单"File"→"End Time…"来设置适当的仿真时间域。

（3）建立输入波形。

① 将信号"en"从0ns到1000ns赋值"1"；采用同样的方法可将信号"clear"从0ns到1000ns赋值"1"，为观察其清零的作用，选择在240ns至300ns之间将其赋"0"（因为该信号低电平有效）。

② 设置时钟信号"clk"的周期为40ns。选中信号"clk",设置信号周期。单击工具条中的 按钮,可打开如图1-37所示的对话框,单击"OK"按钮,关闭此对话框即可生成所需时钟。

③ 波形文件存盘。建立的输入波形如图1-38所示。执行"File"→"Save"命令存盘,至此完成了波形的输入工作。

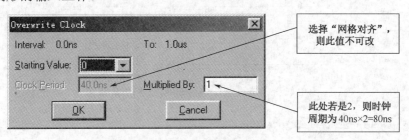

图1-37 时钟信号的设置

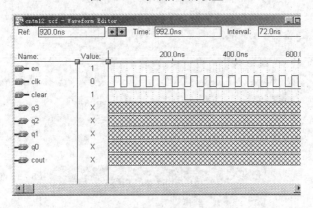

图1-38 输入波形的设置

(4) 运行仿真器进行仿真。执行"MAX+plus II"→"Simulator"命令,出现如图1-39所示的仿真参数设置与仿真启动窗口,单击"Start"按钮,即可进行仿真操作。

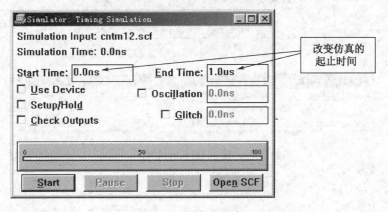

图1-39 仿真启动窗口

时序仿真波形结果如图1-40所示。通过观察波形可以确定设计是否正确,单击 A 按钮,可在波形图中插入说明文字。

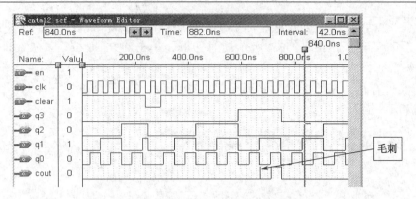

图 1-40　十二进制计数器 cntm12 的仿真结果

拓展技能——向量数组显示

如果将计数器的 4 位输出信号 q3、q2、q1、q0 作为一个组来进行观测,结果更为直观。操作步骤如下:

① 将鼠标移到 "Name" 区的 q3 上,按下鼠标左键并往下拖动鼠标至 q0 处。松开鼠标左键,可选中信号 q3、q2、q1、q0;

② 在涂黑的选中区单击鼠标右键,打开一个浮动菜单,选择 "Enter Group" 项,出现如图 1-41 所示的对话框。可选择十六进制,单击 "OK" 按钮。

③ 此时波形图将转换成如图 1-42 所示的数组显示,这种用组表示的方法实质就是总线 "BUS" 的使用。

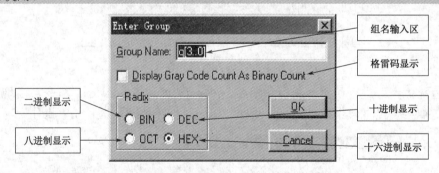

图 1-41　数组显示选择

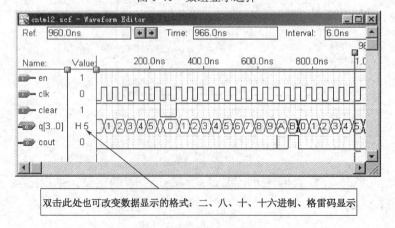

图 1-42　数组显示波形图

6. 选择目标器件和引脚锁定

在前面设计的编译过程中,是由编译器自动进行选择目标器件并进行引脚锁定的。为了使设计符合器件要求,一般将由用户自己进行目标器件选择和引脚锁定。

【案例】设选择 EDA-V 实验箱上的目标器件为 ACEX1K 系列中的 EP1K30TC144-3,具体说明如下。

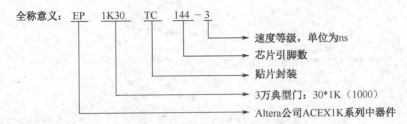

(1) 器件选择方法。执行"Assign"→"Device"命令,可打开如图 1-43 所示的"器件选择"对话框。单击"Device Family"区的下拉按钮,可进行器件系列选择,选择 ACEX1K;在器件型号列表区找出目标器件并双击选中。

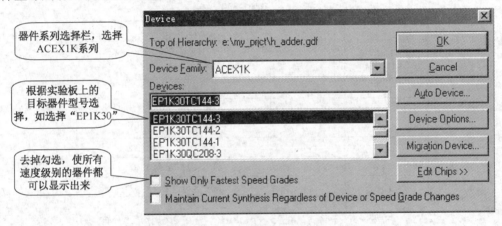

图 1-43 "目标器件选择"对话框

知识延伸——PLD 的类型及其区别

可编程逻辑器件 PLD 可分为 FPGA 和 CPLD 两大类。

① FPGA 采用 SRAM(静态随机存储器)进行功能配置,可重复编程,但系统掉电后,SRAM 中的数据丢失。因此,需在 FPGA 外加 EPROM,将配置数据写入其中,系统每次上电自动将数据引入 SRAM 中。

② CPLD 器件一般采用 EEPROM 存储技术,可重复编程,并且系统掉电后,EEPROM 中的数据不会丢失,适于数据的保密。

(2) 引脚锁定。在用户锁定引脚之前必须选择好目标芯片,并对项目进行一次编译且通过。

执行"Assign"→"Pin/location/chip"命令,将出现如图 1-44 的"引脚锁定"对话框,在"Node Name"右边的文本框中逐个输入引脚名,再按照表 1-3 的定义来设定各引脚号。全部设定结束后,单击"OK"按钮完成。

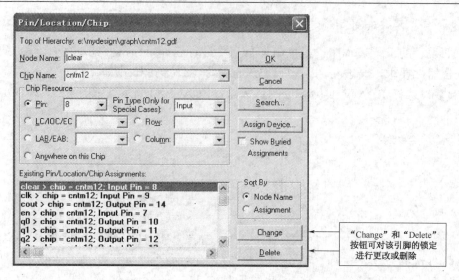

图 1-44 引脚锁定对话框

表 1-3 引脚号设定表

信 号 名	引 脚 号	对应器件名称
clk	9	时钟信号 CLK1
clear	8	拨位开关 K1
en	7	拨位开关 K2
q0	10	输出发光二极管 LED1
q1	17	输出发光二极管 LED2
q2	12	输出发光二极管 LED3
q3	13	输出发光二极管 LED4
cout	14	输出发光二极管 LED5

在引脚锁定之后,需要再次执行"MAX+plus II"→"Compiler"命令进行重新编译,使引脚号生效后方可将引脚信息综合到编程下载文件中。此时再回到原来设计的原理图文件"cntm12.gdf"中,发现其输入/输出信号旁都标有其对应的粉色引脚号信息,如图 1-45 所示。

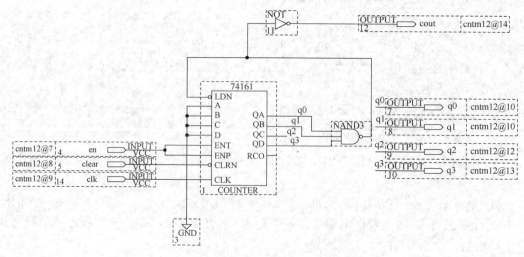

图 1-45 具有引脚编号的原理图

7. 编程下载/配置

知识连接——编程/配置及其下载文件的类型

对于 CPLD 器件，编程信息以 EEPROM 方式保存，故对这类器件的下载称为编程。在通过项目编译后可生成文件*.pof 用于下载。

对于 FPGA 器件，其内部互联信息的存储器单元阵列采用 SRAM 方式，可由配置程序装入，对这类器件的下载称为配置。在通过项目编译后可生成文件*.sof 用于下载，掉电保护要求外挂 EPROM，在通过项目编译后可生成文件*.pof 用于对 EPROM 编程，掉电后上电时 EPROM 对 FPGA 进行配置，实现掉电保护功能。

（1）下载方式的确定。执行"MAX+plus II"→"Programmer"命令，会出现一个的编程器窗口，然后再执行"Option"→"Hardware Setup"命令进行硬件设置，出现如图 1-46 所示的对话框。

在下拉菜单中选择"ByteBlaster(MV)"（MV 即混合电压）编程方式，单击"OK"按钮。此方式支持计算机并行口的下载，"MV"是指混合电压，主要针对 Altera 的各类 FPGA/CPLD 芯片的低电压（如 5V、2.5V 及 1.8V 等）均可由此下载。

☞ 核心提示

① 下载方式的设置只有在初次安装软件的第一次编程前进行，一旦确定以后就不需要重复设置了。

② 在设置下载方式前，必须连接好外部硬件测试系统(如实验箱)。选择 ByteBlaster(MV) 编程电缆，将其 25 针接插头连接到计算机的并行口上，10 针插座的一端接到 FPGA/CPLD 实验箱的 JTAG 接口上。

如果你的计算机安装的是 NT 操作系统（如 Windows 2000、Windows XP），则会出现如图 1-47 所示的提示信息。由于 MAX+plus II 软件最初不支持 NT 系统，需要进行外挂硬件驱动程序的安装（见附录 A），安装完后再按照上面同样的方法进行下载方式的设置。

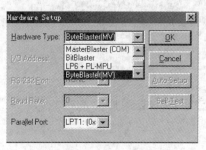

图 1-46 编程下载方式的设置

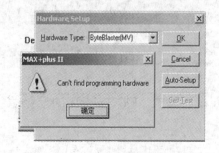

图 1-47 没有发现硬件提示

（2）运行下载。如图 1-48 所示，单击"Configure"按钮进行相关文件（*.pof 或*.sof）的配置，如果连线无误，会出现提示成功，表示配置完成。

图 1-48 向 EP1K30TC144-3 下载配置文件

知识梳理——MAX+plus II 的设计步骤

通过上面的实例操作进行归纳，利用 MAX+plus II 的电路设计流程步骤如下：
① 输入项目文件名（"File"→"Project"→"Name"）。
② 输入源文件（图形、VHDL、Verlog 和波形输入方式）。
③ 指定 FPGA/CPLD 型号（"Assign"→"Device"）。
④ 设置引脚下载方式和逻辑综合方式（"Assign"→"Global Project Device Option"或"Assign"→"Global Logic Synthesis"）。
⑤ 保存并检查源文件（"File"→"Project"→"Save&Check"）。
⑥ 引脚锁定（"Assign"→"Pin/location/chip"或"MAX+plus II"→"Floorplan Editor"）。
⑦ 保存和编译源文件（"File"→"Project"→"Save&Compile"）。
⑧ 生成波形文件（"MAX+plus II"→"Waveform Editor"）。
⑨ 仿真（"MAX+plus II"→"Simulator"）。
⑩ 下载配置（"MAX+plus II"→"Programmer"）。

1.2.2　Quartus II 的设计流程

Quartus II 是 MAX+plusII 的升级版，应注意它们二者操作方法与设计流程的区别与联系。

1. 工程项目建立（Project）

在计算机桌面双击 Quartus II 图标，即可打开此软件。
（1）执行"File"→"New Project Wizard"命令，出现如图 1-49 所示的对话框。
（2）在如图 1-50 所示的对话框中输入工程项目目录和项目名称。

项目1 数字系统设计与开发环境

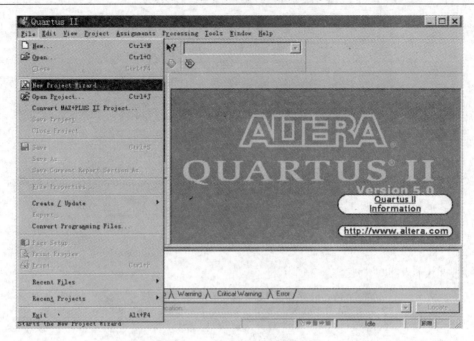

图 1-49 建立项目的对话框

☞ **核心提示**

应先在计算机中建立工程项目存放的目录，如 I:\MYPRJ \QUARTUS FILE\project1。

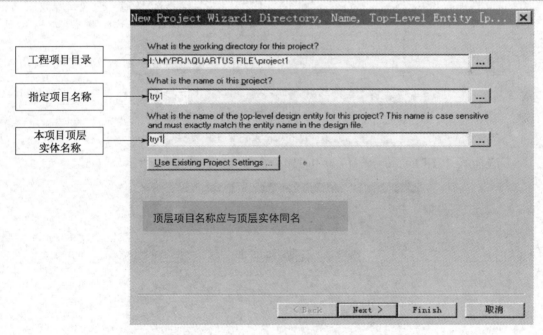

图 1-50 项目目录和名称

（3）完成上述操作后，单击"Next"按钮将会弹出加入设计文件对话框，如图 1-51 所示。

在"File"中选择已存在的设计文件加入到这个工程中，也可以使用"User Library Pathnames"按钮把用户自定义的库函数加入到工程中使用，完成后单击"Next"按钮进入下一步。

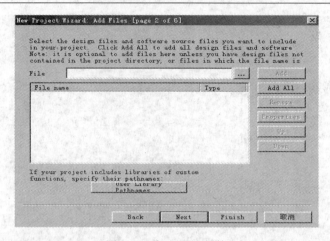

图 1-51 加入设计文件

（4）选择设计器件，如图 1-52 所示。

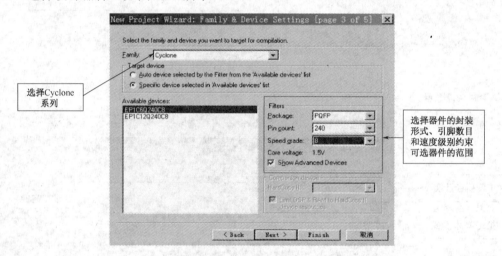

图 1-52 选择设计器件

（5）选择第三方 EDA 综合、仿真和时序分析工具，如图 1-53 所示。

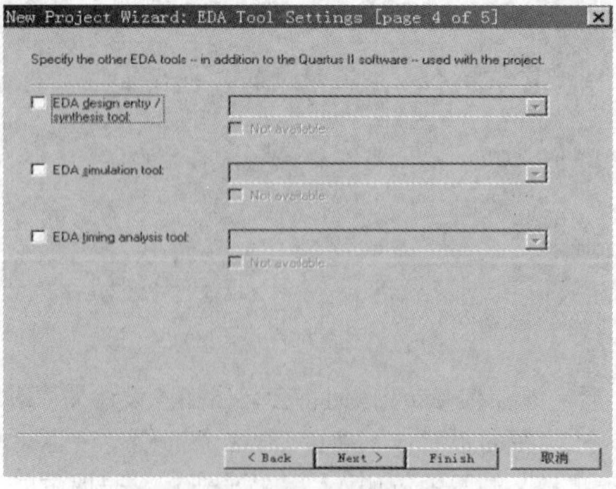

图 1-53 选择其他 EDA 工具

(6) 项目建立完成，显示项目概要，如图 1-54 所示。

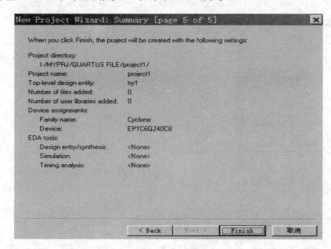

图 1-54　项目概要

2. Quartus II 原理图输入法

【设计实例】D 触发器的原理图设计。

(1) 建立原理图文件。执行"File"→"New"命令，在弹出如图 1-55 所示的对话框中选择原理图文件，单击"OK"按钮。

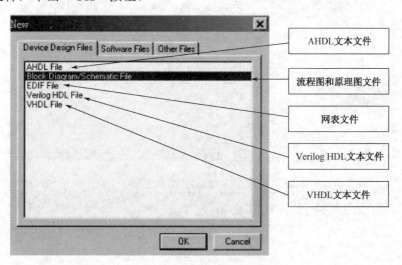

图 1-55　"新建原理图"对话框

(2) 在出现原理图的编辑区空白处双击，将弹出如图 1-56 所示的"Symbol"对话框（或单击鼠标右键，在弹出的快捷菜单中选择"Insert-Symbol"，也会出现此对话框）。

(3) 在图 1-56 所示的"Name"编辑框中输入"DFF"（D 触发器），单击"OK"按钮。此时可以看到光标上粘着被选的器件符号，将其移到合适的位置，单击将其放下固定。使用同样的操作，放置 Not、Input、Output 符号，如图 1-57 所示。

(4) 完成有关端口的连线工作，并双击将输入"Input-name"改为"clk"，输出"Output-name"改为"Q"，如图 1-58 所示。单击"保存"按钮，系统以默认的文件名"try1"保存，后缀为".bdf"。

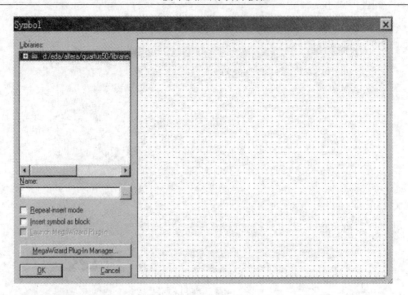

图 1-56 "Symbol"对话框

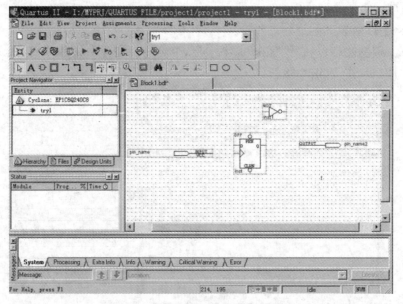

图 1-57 放置所有元件的界面

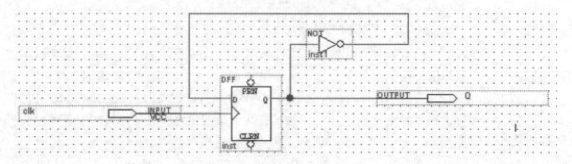

图 1-58 完成连线与端口命名

(5) 执行 "Processing" → "Start Compilation" 命令,或单击"编译器快捷方式"按钮 ▶

进行编译,编译结束后会出现错误和警告数目的提示,如图 1-59 所示。

(6)选择目标器件和引脚锁定。执行"Assignments"→"Device"命令进行器件选择,在弹出如图 1-60 所示的器件选择对话框的 Family 栏目中选择目标芯片系列名(如 Cyclone),然后在"Available devices"栏目中选择目标芯片型号(如 EP1C6Q240C8),单击"OK"按钮。执行"Assignments"→"Device/Pins"命令,在出现的界面中双击对应引脚的 Location 空白框,在其下拉菜单中选择要锁定的引脚,如图 1-61 所示。完成所有引脚的分配,再重新编译一次,产生设计电路的下载文件(.sof)。

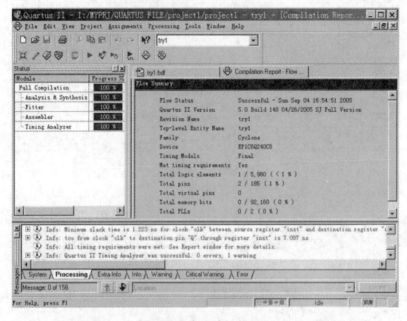

图 1-59 完成编译的界面

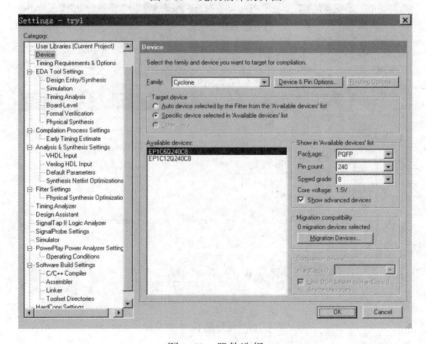

图 1-60 器件选择

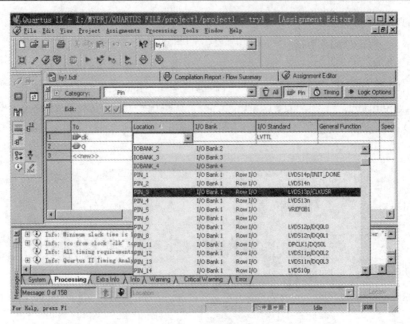

图 1-61 引脚锁定

（7）编程下载设计文件。

☞ 核心提示

在编程下载设计文件之前，需要通过计算机的并行接口，把硬件测试系统（实验箱）与计算机连接好，并开启电源。

首先设定编程方式。执行"Tools"→"Programmer"命令或直接单击"Programmer"按钮，弹出如图 1-62 所示的设置编程方式窗口。

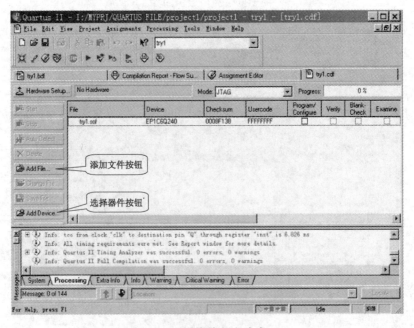

图 1-62 设置编程方式窗口

① 选择下载文件。单击下载方式窗口左边的"Add File（添加文件）"按钮，在弹出的

"Select Programming File（选择编程文件）"对话框中，选择 D 触发器设计工程目录下的下载文件 try1.sof。

② 设置硬件。设置编程方式窗口中，单击"Hardware Settings（硬件设置）"按钮，在弹出的"Hardware Setup"对话框中单击"Add Hardware"按钮，如图 1-63 所示。在弹出的"Add Hardware 添加硬件）"对话框中选择"ByteBlasterMV or ByteBlasterII"编程方式，单击"OK"按钮，如图 1-64 所示。

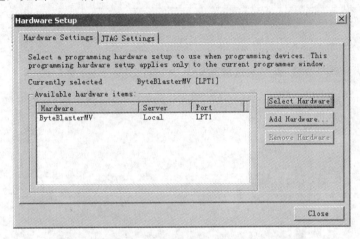

图 1-63 "Hardware Setup（硬件设置）"对话框

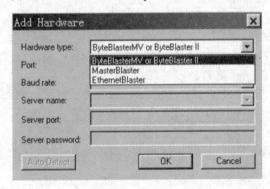

图 1-64 "Add Hardware（添加硬件）"对话框

③ 编程下载。执行"Processing"→"Stare Programming"命令或单击"Start Programming"按钮，即可实现设计电路到目标芯片的编程下载。

知识连接——下载模式的选择

下载配置有 AS 和 JTAG 两种方式。AS 模式对配置芯片的下载，可以掉电保持；JTAG 模式对 FPGA 下载，掉电后 FPGA 信息丢失，每次上电都需要重新配置。AS 模式使用后缀为.pof 的文件；JTAG 模式使用后缀为.sof 的文件。

3. Quartus II 文本输入法（VHDL）

这里先简单介绍文本编辑的过程，具体 VHDL 语言的编程方法将在后面的项目中学习。

（1）建立文本编辑工程项目。执行"File"→"New Project Wizard"命令，新建 Project2 项目，如图 1-65 所示。

(2) 执行"File"→"New"命令,在弹出的对话框中选择"VHDL File"选项,单击"OK"按钮。

(3) 在空白的文本编辑区进行 D 触发器的 VHDL 程序编写,如图 1-66 所示。

(4) 完成 VHDL 文本编辑后,其他步骤与前面原理图的编辑相同。

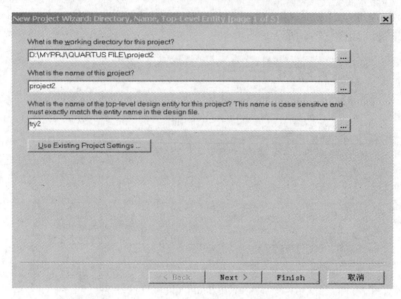

图 1-65　建立 Project2 项目

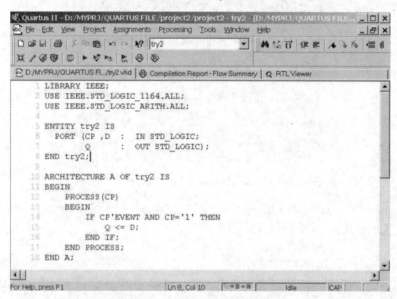

图 1-66　VHDL 文本编辑的界面

4. 波形仿真

以文本编辑的 Project2 为例,介绍波形仿真的步骤(也同样适用于原理图编辑)。

(1) 建立波形文件。执行"File"→"New"命令,在弹出的"编辑文件类型"对话框中,选择"Other Files"中的"Vector Waveform File"方式,或直接单击主窗口上的"创建新的波形文件"按钮,进入 Quartus II 波形编辑方式,单击"OK"按钮。

（2）输入信号节点。执行"Edit"→"Insert Node or Bus"命令，或在波形文件编辑窗口的"Name"栏中右击，在弹出的菜单中选择"Insert Node or Bus"命令，即可弹出插入信号节点或总线对话框，如图 1-67 所示。

在图 1-67 中，单击"Node Finder"按钮，打开"Node Finder"对话框，在"Filte"栏中选择"Pins：all"，单击"List"按钮。将左栏中的端口通过界面中间的 >> 按钮导入右栏中，单击"OK"按钮，这样所有端口都加入到了波形文件中。

（3）设置波形参量。Quartus II 默认的仿真时间域是 100ns，如果需要更长时间观察仿真结果，可执行"Edit"→"End Time"选项，在弹出如图 1-68 所示的"End Time"对话框中，选择适当的仿真时间域。

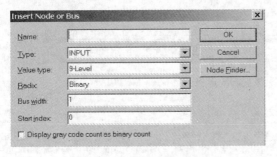

图 1-67　加入信号节点

图 1-68　设置仿真时间域

选择一段波形，通过左边的工具条进行输入信号 CP、D 的编辑测试电平；具体方法及相关操作与 MAX+plusII 基本相同。设置完成输入信号的波形如图 1-69 所示。

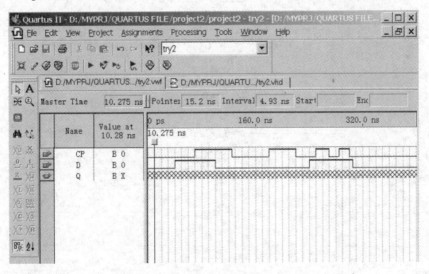

图 1-69　设置好输入波形的波形文件

（4）波形文件存盘。执行"File"→"Save"命令，在弹出的"Save as"对话框中单击"OK"按钮，即可完成波形文件的存盘。此时系统自动将波形文件名设置成与设计文件名同名，但文件类型是.vwf。例如，本设计电路的波形文件名为"try2.vwf"。

（5）运行波形仿真。执行"Processing"→"Start Simulation"命令，或单击 按钮，即可对设计电路进行仿真，仿真波形如图 1-70 所示。通过仿真分析，功能符合设计要求。

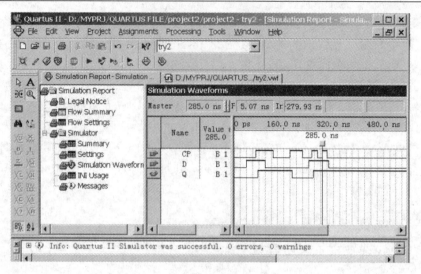

图 1-70 D 触发器波形仿真结果

知识归纳——EDA 的设计步骤

无论使用 MAX+plusII 还是 Quartus II 软件，其设计流程一般如图 1-71 所示。

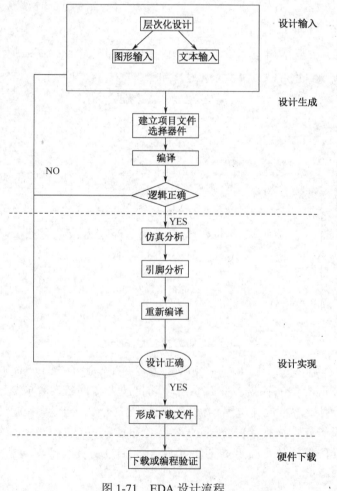

图 1-71　EDA 设计流程

任务 1.3 可编程逻辑器件综述

1.3.1 可编程逻辑器件的发展

最早的可编程逻辑器件出现在 20 世纪 70 年代初，主要是可编程只读存储器（PROM）和可编程逻辑阵列（PLA）。20 世纪 70 年代末出现了可编程阵列逻辑（Programmable Array Logic，PAL）器件。20 世纪 80 年代初期，美国 Lattice 公司推出了一种新型的 PLD 器件，称为通用阵列逻辑（Generic Array Logic，GAL），一般认为它是第二代 PLD 器件。随着技术的进步，生产工艺不断改进，器件规模不断扩大，逻辑功能不断增强，各种可编程逻辑器件如雨后春笋般涌现，如 PROM、EPROM、EEPROM 等。

随着半导体工艺不断完善，用户对器件集成度要求不断提高。1985 年，美国 Altera 公司在 EPROM 和 GAL 器件的基础上，首先推出了可擦除可编程逻辑器件 EPLD（Erasable PLD），其基本结构与 PAL/GAL 器件相仿，但其集成度要比 GAL 器件高得多。而后 Altera、Atmel、Xilinx 等公司不断推出新的 EPLD 产品，它们的工艺不尽相同，结构不断改进，形成了一个庞大的群体。但是从广义来讲，可擦除可编程逻辑器件可以包括 GAL、EEPROM、FPGA、ispLSI 或 ispEPLD 等器件。

由于器件的密度越来越大，许多公司把原来称为 EPLD 的产品都称为复杂可编程逻辑器件 CPLD（Complex Programmable Logic Devices）。现在，一般把所有超过某一集成度的 PLD 器件都称为 CPLD。当前 CPLD 的规模已从取代 PAL 和 GAL 的 500 门以下的芯片系列，发展到 5000 门以上，现已有上百万门的 CPLD 芯片系列。随着工艺水平的提高，在增加器件容量的同时，为提高芯片的利用率和工作频率，CPLD 从内部结构上作了许多改进，出现了多种不同的形式，功能更加齐全，应用不断扩展。

1.3.2 可编程逻辑器件基础

1. 可编程逻辑器件的概念与特点

可编程逻辑器件（Programmable Logic Device）是 20 世纪后期发展起来的新型逻辑器件，它通过编程来确定器件的功能，简称 PLD。其特点如下：

（1）可用计算机进行数字电路（系统）的设计和测试。设计成功的电路可方便地下载到 PLD 中，从而使产品的研制周期短、成本低、效率高。

（2）以 PLD 为核心的电路功能修改方便。这种修改通过对 PLD 重新编程来实现，但不影响其外围电路。因此更易于产品的维护、更新。PLD 使硬件也能像软件一样实现升级，因而是硬件的革命。

（3）PLD 集成规模大。较复杂的数字系统用一片或几片 PLD 即可实现，因此应用 PLD 生产的产品具有体积小、重量轻、性能可靠等优点。此外，PLD 还具有硬件加密功能。

（4）应用 PLD 设计电路时，需选择合适的软件。

2. PLD 的基本结构

PLD 的基本结构如图 1-72 所示，各部分功能如下。

输入电路：输入缓冲电路用以产生输入信号的原变量和反变量，提供足够的驱动能力。

与阵列：由多个多输入与门组成，用以产生输入变量的各乘积项。

或阵列：由多个多输入或门组成，用以产生或项，即将输入的某些乘积项相加。

输出电路：PLD 的输出回路因器件的不同而有所不同，但总体可分为固定输出和可组态输出两大类。

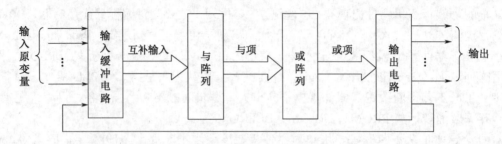

图 1-72 PLD 的基本结构框图

3．PLD 的表示方法

（1）连接方式。图 1-73 所示为 PLD 中阵列交叉点上三种连接方式的表示法。其中，交叉处为"·"的表示纵横两线为固定连接，不能"编程"使其断开；交叉处为"×"的表示该处为可编程连接，即可通过"编程"使其断开；交叉处无任何符号的表示纵横两线不连接。

图 1-73 PLD 连接表示法

（2）逻辑门的表示方式。与普通数字电路的习惯表示方法不同，PLD 中门电路和缓冲器的表示法如图 1-74 所示。

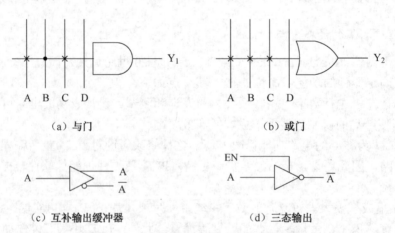

图 1-74 PLD 逻辑门的表示方式

（3）PLD 电路的表示法。例如，在一些 PLD 中，与阵列是通过编程完成的，而或阵列是固定的。图 1-75 是这种 PLD 编程后的电路表示法，它完成的逻辑功能为

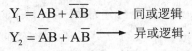

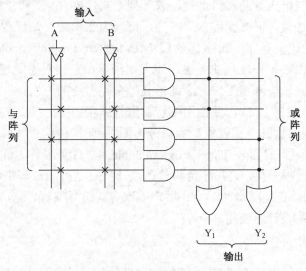

图 1-75 PLD 编程阵列图

1.3.3 可编程逻辑器件的分类

1. PLD 的类型

（1）按编程情况不同分类，如表 1-4 所示。

表 1-4 PLD 内部可编程情况

类 型	与 阵 列	或 阵 列	输出电路
PROM（即可编程 ROM）	固定	可编程	固定
PLA（Programmable Logic Array，可编程逻辑阵列）	可编程	可编程	固定
PAL（Programmable Array Logic，可编程阵列逻辑）	可编程	固定	固定
GAL（Generic Array Logic，通用阵列逻辑）	可编程	固定	可组态

（2）按集成密度分类。按集成密度可将 PLD 分为低密度和高密度两大类。低密度 PLD 通常是指早期的集成密度小于 1000 门/片的器件，如 PROM、PLA、PAL、GAL 均属低密度 PLD。高密度 PLD（High Density PLD，HDPLD）集成度高、容量大，实现逻辑控制的能力强，主要包括复杂可编程逻辑器件（Complex Programmable Logic Device，CPLD）和现场可编程门阵列（Field Programmable Gate Array，FPGA），如图 1-76 所示。

图 1-76 可编程逻辑器件按集成度分类

(3) 按结构特点分类。PLD 从结构上可分为两大类：乘积项结构 PLD 和查找表（Look Up Table，LUT）结构 PLD。前者的基本结构为与-或阵列，大部分简单 PLD 和 CPLD 都属于这个范畴；后者由查找表组成可编程门，再构成阵列形式，FPGA 即属于此类器件。

(4) 按编程方式分类。根据编程方式不同，可分为在系统可编程逻辑器件和普通 PLD。

① 在系统可编程逻辑器件，简称 ISPPLD（In-System Programmable PLD）。ISP 器件不需要专用编程器，可以在工作现场或者生产线上，经串口直接对系统进行现场升级，极大方便了电路的设计、调试、检修等工作，因此得到越来越广泛的应用。

② 普通 PLD。一般的 PLD 需要使用编程器进行编程。

(5) 按编程次数分类。PLD 按编程次数可分为两类：一次性编程（One Time Programmable，OTP）器件和可多次编程（Many Time Programmable，MTP）器件。OTP 属于一次性使用器件，只允许用户对其编程一次，之后不能再修改，其特点是可靠性与集成度高、抗干扰性强。MTP 器件属于可多次重复使用器件，允许用户多次对其进行编程、修改或设计，特别适合于系统样机的研制和初级设计者使用。

2. PLD 的功能介绍

(1) 低密度 PLD。低密度 PLD 是可编程逻辑器件的早期产品，尽管今天用得不多，但是它为超大规模 ASIC 的发展奠定了基础。

① 可编程只读存储器 PROM。它是 20 世纪 70 年代初期出现的第一代 PLD，采用熔丝工艺编程，只能写一次，具有价格低、易编程的特点，适用于存储函数和数据表格。

② 可编程逻辑阵列 PLA。它是 20 世纪 70 年代中期推出的一种基于"与-或阵列"的一次性编程器件，只能用于组合逻辑电路的设计。PLA 的资源利用率较低，现已基本不用。

③ 可编程阵列逻辑 PAL。它是 20 世纪 70 年代末期由 AMD 公司率先推出的，PAL 由可编程与阵列、固定或阵列和输出电路三部分组成，适用于各种组合和时序逻辑电路的设计，但它也是一次性编程器件。

④ 通用阵列逻辑 GAL。它是在 PAL 基础之上，由 Lattice 公司在 20 世纪 80 年初期推出的。GAL 在结构上采用了可编程逻辑宏单元（Output Logic Macro Cell，OLMC）的形式，在工艺上吸收了 E^2PROM 的浮栅技术，从而使其具有电可擦写、可重复编程、数据能长期保存和可设置加密等特点。常见的 GAL 器件型号为 GAL16V8 和 GAL20V8。

上面介绍的这些简单的低密度 PLD 器件目前基本上只有 GAL 还在应用，但限于集成度，它也只能用在中小数字逻辑方面。

(2) 高密度 PLD。现在的 PLD 以大规模、超大规模集成电路工艺制造的 CPLD、FPGA 为主，它实际上就是一个子系统，可以替代几十甚至几千块通用 IC 芯片。比较典型的器件是 Altera 公司和 Xilinx 公司生产的 CPLD 系列和 FPGA 系列，它们占有全球 60%的市场份额。

① 复杂可编程逻辑器件 CPLD。它是 20 世纪 90 年代初期由 GAL 器件发展而来的，采用了 E^2PROM、Flash 和 SRAM 等编程技术，从而构成了高密度、高速度和低功耗的可编程逻辑器件。CPLD 的主体仍是与-或阵列，因而称之为阵列型 HDPLD。典型的 CPLD 器件有 Altera 公司的 MAX7000 和 MAX9000 系列、Xilinx 公司的 7000 和 9000 系列。

② 现场可编程门阵列 FPGA。它是由若干独立的可编程逻辑模块排列为阵列组成的，通

过片内连线将这些模块连接起来实现一定逻辑功能,因而称为单元型 HDPLD。由于 FPGA 的逻辑功能配置数据存放在片内的 SRAM(静态随机存储器)上,断电后数据便随之丢失,因此在工作前需要从芯片外的 EPROM 中加载配置数据。

(3) CPLD 与 FPGA 的区别。

① 结构上的差异。CPLD 的各个逻辑块相互独立,数量从几到几十元;FPGA 的各个逻辑块相互关联,数量为几百到几千元。

② 逻辑块的互联。CPLD 属于集中式;FPGA 属于分布式。

③ 使用的方便性。CPLD 采用 EEPROM,可以断电工作,使用起来更加方便且保密性好;FPGA 采用 SRAM,断电数据即丢失,但可以实现动态重构。

④ 器件的性能。CPLD 属于控制型,适合作接口电路,尤其是用在高速的场合;FPGA 属于数据型,适合作算法电路。

对用户来说,虽然 CPLD 与 FPGA 的结构性能有所不同,但是其开发方法是一样的。由于现在 PLD 开发软件已经发展得相当完善,甚至可以不需要深入了解 PLD 的内部结构,利用自己熟悉的开发软件和设计流程就可以完成相当优秀的 PLD 设计。

任务 1.4　CPLD/FPGA 器件知识

1.4.1　CPLD 的基本结构

典型的复杂可编程逻辑器件 CPLD 主要有 Lattice 公司的 ispLSI/pLSI 系列器件和 Altera 公司的 MAX 系列器件等,如 MAX7128S 的结构如图 1-77 所示。可见,CPLD 中包含 3 种逻辑资源:逻辑阵列单元 LAB(Logic Array Block)、可编程 I/O 单元和可编程内部互联资源。

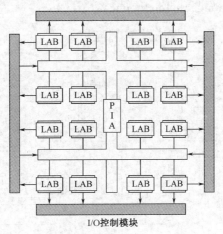

图 1-77　MAX7128S 的结构

由图 1-77 可见,CPLD 的基本结构是由一个二维的逻辑块阵列组成的,它是构成 CPLD 器件的逻辑组成核心,还有多个 I/O 块以及连接逻辑块的互联资源。

Altera 公司提供了 7 种通用 PLD 系列产品:FLEX10K、FLEX8000、MAX7000、MAX9000、FLASHlogic、MAX5000 和 Classic。FLEX(Flexible Logic Element MatriX)结构使用查找表

（Look Up Table，LUT）来实现逻辑功能，而多阵列矩阵（Mutiple Array MatriX，MAX）、FLASHlogic 和 Classic 经典系列，采用可编程"与"/固定"或"乘积项结构。

Altera 公司的产品基本上属于 CPLD 结构，它的内部连线均采用集总式互联通路结构，即利用同样长度的一些连线实现逻辑之间的互联。其中 Altera 公司的 FLEX 系列芯片同时具有 CPLD 和 FPGA 两种结构的优点，得到了广泛的应用。

1. MAX7000 系列器件

MAX7000 系列是高性能、高密度的 CMOS CPLD，它在 Altera 公司的第二代 MAX 结构基础上，采用了先进的 0.8μm CMOS EEPROM 制造工艺技术。其中 E、S 系列工作电压为 5V，A、AE 系列工作电压为 3.3V 混合电压，B 系列为 2.5V 混合电压。它具有可预测执行速度、上电即时配置和多种封装形式的特性，在逻辑密度类型中，MAX 7000 是最广泛的可编程解决方案。该系列中的 MAX7000B 系列 CPLD 的主要特性参数如表 1-5 所示。

表 1-5　MAX7000B 系列器件特性（3.3V）

器件	EPM7023B	EPM7064B	EPM7128B	EPM7256B	EPM7512B
可用门数	600	1250	2500	5000	10000
宏单元数	32	64	128	256	512
最大用户 I/O 数	36	68	100	164	212
t_{PD}/ns	3.5	3.5	4.0	5.0	5.5
f_{CNT}/MHz	303.0	303.0	243.9	188.7	163.9

MAX7000 系列器件的结构如图 1-78 所示。主要包括逻辑阵列块 LAB（Logic Array Block）、宏单元（Macrocell）、扩展乘积项（Expender Product Term）、I/O 控制块（I/O Control Block）、可编程连线阵列 PIA（Programmable Interconnect Array）。

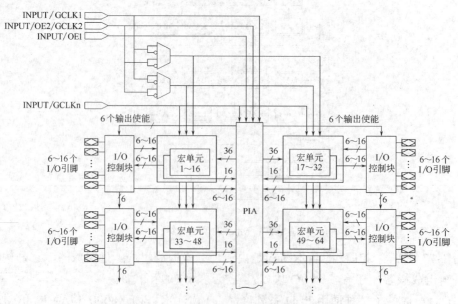

图 1-78　MAX7000 系列器件的结构

知识延伸——MAX7000 的特殊功能

（1）设计加密。所有MAX7000器件都包含一个可编程的保密位，该保密位控制能否读出器件内的配置数据。当保密位被编程时，器件内的专利设计不能被复制和取出。

（2）边界扫描。MAX7000器件支持JTAG边界扫描测试，如果设计中不需要JTAG接口，则JTAG引脚也可作为用户的I/O引脚。

2. MAX9000 系列

MAX9000 系列器件的特性如表 1-6 所示，器件结构如图 1-79 所示，也可参见 FLEX8000 系列。

表 1-6　MAX9000 器件特性

特　性	EPM9320	EPM9400	EPM9480	EPM9560
有效门/可用门	12 000/6000	16 000/8000	20 000/10 000	24 000/12 000
触发器	484	580	128	772
宏单元数	320	400	480	560
最大用户 I/O 数	168	194	200	216
t_{PD}/ns	12	12	15	15
f_{CNT}/MHz	125	125	118	118

基于 EEPROM 的 MAX9000 系列将 MAX7000 结构的有效宏单元与 FLEX8000 结构的高性能、可预测快速通道互联相结合，使该系列器件特别适合于集成多个系统及功能。MAX9000 系列具有 6000~12000 个可用门，320~560 个宏单元，最多达到 216 个用户 I/O 引脚。这一密度等级，以及 JTAG 边界扫描测试支持和在系统可编程性，使 MAX9000 器件成为兼顾 PLD 优势的门阵列设计和利用 ISP 灵活性设计的最佳选择。

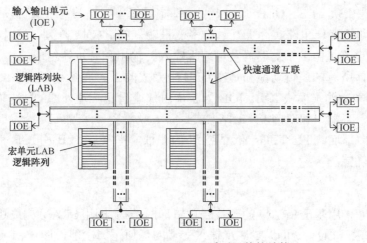

图 1-79　MAX9000 系列器件的结构

1.4.2　FPGA 的基本结构

现场可编程门阵列（FPGA）器件及其开发系统是开发大规模数字集成电路的新技术。使用 FPGA 器件，一般可在几天到几周内完成一个电子系统的设计和制作，缩短研制周期，达到快速上市和进一步降低成本的要求。据统计，1993年FPGA的产量已经占整个可编程逻辑器件产量的30%，并在逐年提高，FPGA在我国也得到了较广泛的应用。

FPGA器件具有下列优点：高密度、高速率、系列化、标准化、小型化、多功能、低功耗、低成本，设计灵活方便，可无限次反复编程，并可现场模拟调试验证。

FPGA的基本结构如图1-80所示。从图中可以看出，FPGA器件的内部结构为逻辑单元阵列（LCA）。LCA由3类可编程单元组成：周边的可编程输入/输出模块IOB（Input/Output Block）、核心阵列是可配置逻辑块CLB（Configurable Logic Block）、可编程内部连线PI（Programmable Interconnect）。逻辑单元之间是互联阵列，这些资源可由用户编程。FPGA属于较高密度的PLD器件。

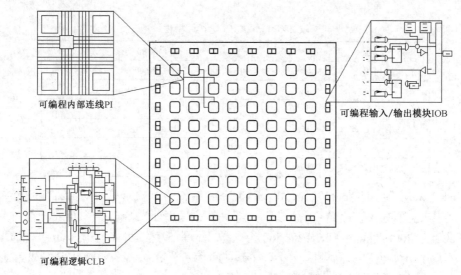

图1-80　FPGA的基本结构

（1）可编程逻辑块CLB。CLB是FPGA的基本逻辑单元，其内部又可以分为组合逻辑和寄存器两部分。组合逻辑电路实际上是一个多变量输入的PROM阵列，可以实现多变量任意函数；而寄存器电路是由多个触发器及可编程输入、输出和时钟端组成的。

在FPGA中，所有的逻辑功能都是在CLB中完成的。

（2）可编程输入/输出模块IOB。IOB为芯片内部逻辑和芯片外部的输入端/输出端提供接口，可编程为输入、输出和双向I/O 3种方式。

（3）可编程内部连线PI。FPGA依靠对PI的编程，将各个CLB和IOB有效地组合起来，实现系统的逻辑功能。

1. 查找表

大部分FPGA采用基于SRAM的查找表逻辑形成结构，即用SRAM构成逻辑函数发生器。一个N输入查找表（LUT）可以实现N输入变量的任何逻辑功能，图1-81是4输入LUT，其内部结构如图1-82所示。一个查找表要实现N输入的逻辑功能，需要2^N位的SRAM存储单元，显然N不可能很大，否则LUT的利用率很低，输入多于N个的逻辑函数，必须用几个LUT分开实现。

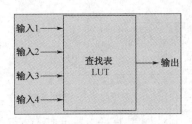
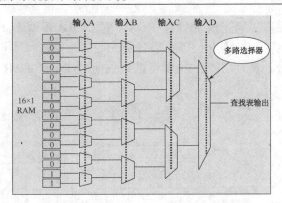

图 1-81　FPGA 查找表单元　　　　图 1-82　FPGA 查找表单元内部结构

Altera 的 FLEX10K 系列、ACEX 系列，Xilinx 的 XC4000 系列都采用查找表构成，为典型的 FPGA 器件。

2. FLEX10K 系列

FLEX10K 系列器件是高密度阵列嵌入式可编程逻辑器件。这类器件最大可达 10 万个典型门，5392 个寄存器，其特性如表 1-7 所示。采用 0.5μm CMOS SRAM 工艺制造，具有在系统可配置特性，在所有 I/O 端口中有输入/输出寄存器，采用 3.3 V 或 5.0 V 电源供电模式。

知识链接——FLEX 10K 系列器件

FLEX 10K 系列是 Altera 公司于 1998 年推出的 FPGA 主流产品，具有高密度、在线配置、高速度与连续布线结构等特点。它的集成度达到了 10 万门级，而且是在业界首次集成了嵌入式阵列块（EBA）的芯片。

所谓 EBA，实际上是一种大规模的 SRAM 资源，可以被方便地设置为 RAM、ROM、FIFO（First In First Out，先入先出数据缓存器）以及双口 RAM 等存储器。EBA 的出现极大地拓展了 PLD 芯片的应用领域。

FLEX10K 的结构框图如图 1-83 所示。每组逻辑单元 LE（Logic Element）连接到逻辑阵列块 LAB，LAB 被分成行和列，每行包含一个嵌入阵列块 EAB。LAB 和 EAB 由快速通道互相连接。I/O 单元 IOE（Input/Output Elements）位于行通道和列通道两端。

表 1-7　FLEX10K（EPF10K10~10K100）器件特性

特　性	10K10	20K20	10K30	10K40	10K50	10K70	10K100
典型门	10k	20k	30k	40k	50k	70k	100k
可用门（千个）	7~31	15~63	22~69	29~93	36~116	46~118	62~158
逻辑单元	576	1152	1728	2304	2880	3744	4992
RAM（位）	6144	12 288	12 288	16 384	20 480	18 432	24 576
触发器	720	1344	1968	2576	3184	4096	5392
最大用户 I/O	150	198	246	278	310	358	406

嵌入阵列由一系列嵌入阵列块 EAB 构成。实现存储功能时，每个 EAB 提供 2048 比特（bit）

位，可以用来完成 RAM、ROM、双口 RAM 或者 FIFO 功能。实现逻辑功能时，每个 EAB 可以提供 100~600 门以实现复杂的逻辑功能，如实现乘法器、微控制器、状态机和 DSP（数字信号处理）功能。EAB 可以单独使用或多个 EAB 联合使用以实现更强的功能。

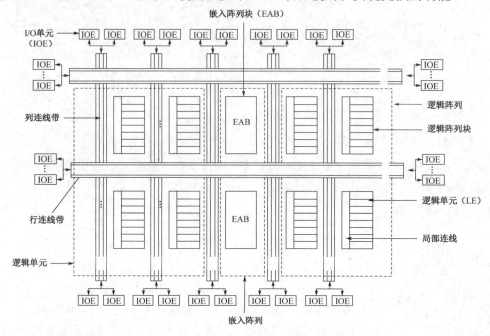

图 1-83　FLEX10K 的结构框图

知识延伸——EAB 实现 RAM、ROM 功能的配置

EAB RAM 的大小是灵活的，即用户并不局限于某一种 RAM 配置。当作为存储器的每个 EAB 单独使用时，可配置成以下几种尺寸：256×8、512×4、1024×2 或 2048×1，如图 1-84 所示，注意数据总线和地址总线的宽度随 RAM 的大小而变化。

多个 EAB 可级联组合成一个规模更大（更宽）的 RAM 或 ROM 使用，例如，两个 256×8 的 RAM 可组合成一个 256×16 的 RAM；两个 512×4 的 RAM 可组合成一个 512×16 的 RAM，如图 1-85 所示。级联 FLEX10KEAB 不需要附加逻辑，因此级联和非级联的 EAB 具有同样的存取时间。

图 1-84　EAB 作为存储器使用时可配置的尺寸

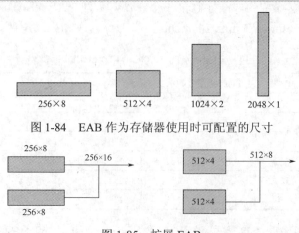

图 1-85　扩展 EAB

逻辑阵列由逻辑阵列块 LAB 构成，每个 LAB 包含 8 个逻辑单元和一个局部连接。一个逻辑单元有一个 4 输入查找表 LUT（Look Up Table）、一个可编程触发器和一个实现进位和级联功能的专用信号路径。

每个 I/O 引脚由位于快速通道互连的每个行、列两端的 I/O 单元输入。每个 IOE 包含一个双向 I/O 缓冲器和一个触发器。IOE 可提供各种功能，如 JTAG BST 支持、电压摆率控制及三态缓冲期等。

FLEX10K 内部的信号连接以及与器件引脚的信号连接由快速互联通道完成。快速互联通道是快速的且连续的运行于整个器件行和列的通道。

FLEX10K 器件在上电时通过保存在 Altera 串行配置 EPROM 中的数据或系统控制器提供的数据进行配置。Altera 提供的 EPC1 和 ECP1441 是供器件配置用的 EPROM（简称配置 EPROM），它们通过串行数据流对 FLEX10K 器件进行配置。配置数据也可从系统 RAM 或 Altera 的 BitBlaster 串行下载电缆及 ByteBlaster 并行端口下载电缆获得，如图 1-86 所示。FLEX10K 器件经过配置后，可以装入新的配置数据实现在线重新配置。

图 1-86　ByteBlaster 并行下载电缆

3. FLEX8000 系列器件

FLEX8000 系列器件是高密度阵列嵌入式可编程逻辑器件。采用 0.5 μm CMOS SRAM 工艺制造，具有在系统可配置特性，所有 I/O 端口中有输入/输出寄存器，3.3 V 或 5.0 V 工作模式。

FLEX8000 系列的结构包含一个大规模的紧凑型逻辑单元矩阵。每个逻辑单元 LE 含有一个 4 输入查找表 LUT 和一个可编程寄存器，前者提供实现组合逻辑功能，后者具有时序逻辑能力。LE 的这种细区组结构可高效地实现逻辑功能，8 个 LE 组合成一个逻辑阵列块 LAB。每个 LAB 是一种独立结构，带有公用输入、互联和控制信号。LAB 的这种大区组结构为器件提供高性能和易布线等特征，FLEX8000 器件特性如表 1-8 所示。

表 1-8　FLEX8000 器件特性

特　征	EPF8282/V/A/AV	8452/A	8636/A	8820/A	81188/A	81500/A
有效门	5000	8000	12 000	16 000	24 000	32 000
可用门	2500	4000	6000	8000	12 000	16 000
逻辑单元	208	336	504	672	1008	1296
触发器	282	452	636	820	1188	1500
最大用户 I/O	78	120	136	152	152	208

FLEX8000 系列器件的结构如图 1-87 所示。LAB 按行、列排序，构成逻辑阵列。每个 LAB 由 8 个 LE 组成，为行、列两端的输入/输出单元 IOE 提供 I/O 端口。每个 IOE 包含一个双向 I/O 缓冲器和一个可用作输入/输出寄存的触发器，在 FLEX8000 器件内以及送到和来自器件引脚的信号互联，由快速通道互联来实现。快速通道互联是一系列连续的通路，它们贯穿整个器件的长和宽。

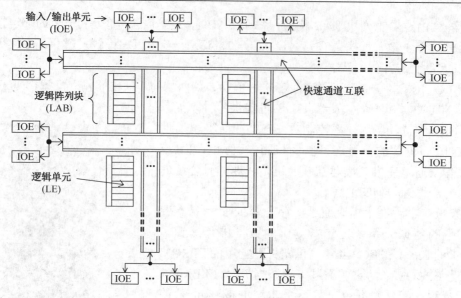

图 1-87　FLEX8000 系列器件的结构

FLEX8000 系列特别适合于需要大量寄存器和 I/O 引脚的应用。该系列器件的密度为 2500~50 000 个可用门，带有 282~4752 个寄存器和 78~360 个用户 I/O 引脚。这些特性以及高性能可预测互联结构，使 FLEX8000 器件能像基于乘积项的器件一样方便地利用。另外，基于 SRAM 的 FLEX8000 器件提供低的静态功耗，具有在电路可编程性，特别适用于 PC 插卡、电池供电的设备和多用途电信卡。

1.4.3　CPLD/FPGA 产品概述

1. CPLD/FPGA 产品主要厂商

目前世界上主要的 PLD 供应商有 Altera、Xilinx、Lattice、Actel 及 Atmel 等公司，其中 Altera、Xilinx 及 Lattice 分别是 CPLD、FPGA 和 ISP 技术的发明者，占据了大部分的市场份额，从而共同决定了 PLD 技术的发展方向。如今 FPGA/CPLD 已被广泛地使用在通信基站、大型路由器等高端网络设备，以及显示器（电视）、投影仪、手机等日常家用电器里，如图 1-88 所示。

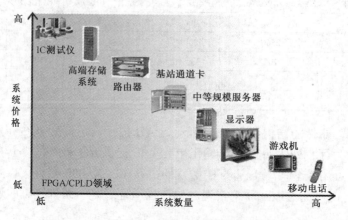

图1-88　FPGA/CPLD应用场合

（1）Altera 公司。Altera（阿尔特拉）公司是世界上最大的可编程逻辑器件供应商之一，也是可编程芯片系统（SoPC）解决方案的倡导者。目前其主要产品有 MAX、Cyclone、Arria、Stratix 等系列，如图 1-89 所示，主要 EDA 开发工具有 MAX+plus II 和 Quartus II 等。

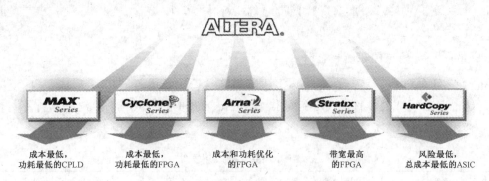

图 1-89　Altera 公司的主要产品

（2）Xilinx 公司。Xilinx（赛灵思）公司是 FPGA 的发明者，其主要产品有以 XC9500、CoolRunner 系列为代表的 CPLD 器件，以 Spartan、Virtex 系列为代表的 FPGA 器件；主要 EDA 开发工具有 Foundation、ISE Design Suite、ISE WebPack 等。

（3）Lattice 公司。Lattice（莱迪思）公司是 ISP 技术的发明者，现已成为全球第三大 PLD 供应商。目前主流产品有 ispMACH4000、MachXO 系列 CPLD 和 EC/ECP 系列 FPGA，此外还有混合信号芯片，如可编程模拟芯片 ispPAC、可编程电源管理、时钟管理等。主要开发工具有 FPGA 与逻辑设计软件 ispEVER 系列、嵌入式设计软件 Lattice Micro32、混合信号设计软件 PAC-Designer 等。

（4）Actel 公司。Actel（爱特）公司是反熔丝（一次性编程）PLD 的领导者。其主要产品有低功耗 IGLOO 和 ProASIC3 系列 FPGA、Fusion 混合信号 FPGA、RTAX 系列耐辐射器件、Accelerator 与 SX-A 等反熔丝器件及 ARM 处理器等；主要开发工具为 Libero IDE。由于其产品具有抗辐射、耐高低温、功耗低和速度快等优良品质，在军工和宇航等领域占有较大优势。

网络资源——主流 PLD 厂商及其器件

上网查阅资料，了解主流 PLD 厂商的新型 CPLD/FPGA 器件的性能特点及其应用。主要网站如下：

（1）部分国内站点。
教育部 IC 五所大学设计中心：　http://166.111.77.3/
上海集成电路设计中心：　　　　http://www.icc.sh.cn/eda/index.asp/
21 世纪 IC 网站：　　　　　　　http://www.21ic.com/
半导体信息网：　　　　　　　　http://www.21ic.com/
（2）部分国外站点。

> Altera 公司： http://www.altera.com/
> Xilinx 公司： http://www.xilinx.com/
> Lattice 公司： http://www.lattice.com/
> Cadence 公司： http://www.cadence.com/
> 浏览时注意有关站点给出的友情链接，如半导体信息网中就列出了国内外主要的设备厂商、器件厂商的网址。

2. Altera 公司的可编程逻辑器件

Altera 公司的 PLD 具有高性能、高集成度和高性价比等优点，其产品获得了广泛应用。

（1）Altera 公司成熟器件。表 1-9 列出了 Altera 公司的已成熟器件，这些器件不再作为推荐设计集成产品使用。

表 1-9 Altera 的成熟器件

产品系列	引入时间（年）	密度	工艺节点
CPLD		宏单元	
MAX7000B	2000	32~512	0.3μm
MAX7000S	1995	32~256	0.3μm
MAX9000	1994	320~560	0.42μm
Classic	1990	16~48	0.5μm
FPGA		逻辑单元	
ACEX 1K	2000	576~4 992	0.22μm
APEX II	2001	16 640~67 200	0.13μm
APEX 20KC	2000	8 320~38 400	0.15μm
APEX 20KE	1999	1 200~51 840	0.18μm
APEX 20K	1998	4 160~16 640	0.22μm
FLEX 10KE	1998	1 728~9 984	0.22μm
FLEX 10KA	1996	576~12 160	0.3μm
FLEX 10K	1995	576~4 992	0.42μm
FLEX 6000/A	1998	880~1 960	0.42μm/0.3μm
FLEX 8000	1993	208~1 296	0.42μm

（2）Altera 新型系列器件简介。

① Stratix 系列高端 FPGA。Stratix 系列是集成了 GX 收发器的高密度 FPGA，可设计完整的可编程芯片系统，在广播领域中得到了广泛的应用。表 1-10 列出了 Stratix 系列的基本情况。

表 1-10 Stratix 系列 FPGA

器件系列	Stratix	Stratix GX	Stratix II	Stratix II GX	Stratix III	Stratix IV	Stratix V
推出时间（年）	2002	2003	2004	2005	2006	2008	2010
工艺技术	130 nm	130 nm	90 nm	90 nm	65 nm	40 nm	28 nm

② Arria 系列中端 FPGA。Stratix 系列 FPGA 适合对成本和功耗敏感的收发器应用，其功能丰富（存储器、逻辑和 DSP），同时具有优异的信号完整性，结合 3Gbps 片内收发器，能够集成更多的功能，提高系统带宽。表 1-11 列出了 Arria 系列的基本情况。

表 1-11　Arria 系列 FPGA

器件系列	Arria GX	Arria Ⅱ GX	Arria Ⅱ GZ	Arria Ⅴ
推出时间（年）	2007	2009	2010	2011
工艺技术	90 nm	40 nm	40 nm	28 nm

③ Cyclone 系列低成本 FPGA。Cyclone（飓风）系列 FPGA 集成了 GX 收发器，是从根本上针对低成本设计的低功耗 FPGA，适合对成本敏感的大批量应用。该系列包括五代产品，如表 1-12 所示。

表 1-12　Cyclone 系列 FPGA

器件系列	Cyclone	Cyclone Ⅱ	Cyclone Ⅲ	Cyclone Ⅳ	Cyclone Ⅴ
推出时间（年）	2002	2004	2007	2009	2011
工艺技术	130 nm	90 nm	65 nm	60 nm	28 nm

④ MAX 系列低成本 CPLD。MAX 系列是 Altera 低成本的 CPLD 系列，对便携式应用而言功耗最低，是瞬时接通单芯片解决方案的最佳选择，其主要产品如表 1-13 所示。

表 1-13　MAX 系列 CPLD

器件系列	MAX7000S	MAX3000A	MAX Ⅱ	MAX Ⅱ Z	MAX Ⅴ
推出时间（年）	1995	2002	2004	2007	2010
工艺技术	0.5 μm	0.3 μm	0.18 μm	0.18 μm	0.18 μm
关键特性	5.0-V I/O	低成本	I/O 数量	零功耗	低成本、低功耗

1.4.4　CPLD 和 FPGA 的比较

1. 常用 CPLD 和 FPGA 标识的含义

CPLD/FPGA 产品上的标识大概可分为以下几类。
（1）用于说明生产厂家的。如 Lattice、Altera、Xilinx 是其公司名称。
（2）注册商标。如 MAX 是为 Altera 公司其 CPLD 产品 MAX 系列注册的商标。
（3）产品型号。如 EPM7128SLC84-15，是 Altera 公司的一种 CPLD 的型号。

2. CPLD/FPGA 产品型号标识组成

CPLD/FPGA 产品型号标识通常由以下几部分组成。
（1）产品系列代码。如 Altera 公司的 FLEX 器件系列代码为 EPF。
（2）品种代码。如 Altera 公司的 FLEX10K，10K 即是其品种代码。
（3）特征代码。也即集成度，CPLD 产品一般以逻辑宏单元数描述，而 FPGA 一般以有效逻辑门来描述。如 Altera 公司的 EPF10K10 中后一个 10，代表典型产品集成度是 10k 个。要注意有效门与可用门不同。
（4）封装代码。如 Altera 公司的 EPM7128SLC84 中的 LC，表示采用 PLCC 封装（塑料方形扁平封装）。除 PLCC 外，还有 BGA（球形网状阵列）等。但要注意各公司稍有差别，如 PLCC，Altera 公司用 LC 描述，Xilinx 公司用 PC 描述，Lattice 公司用 J 来描述。
（5）参数说明。如 Altera 公司的 EPM7128SLC84 中的 LC84-15，84 代表有 84 个引脚，

15代表速度等级为15ns（注意该等级的含义各公司有所不同）。

Altera公司的FPGA和CPLD系列器件典型产品型号举例如下。

Altera公司的产品一般以EP开头，代表可重复编程。

① Altera公司的MAX系列CPLD产品和MAXⅡ系列FPGA产品的系列代码为EPM。典型产品型号含义如下：

EPM7128SLC84-15：MAX7000S系列CPLD，逻辑宏单元数为128个，采用PLCC封装，84个引脚，引脚间延时为15ns。

EPM240GT100C3ES：MAXⅡ系列FPGA产品，逻辑单元数为240个，TQFP封装，100个引脚，速度等级为3级，适用温度范围为商用级（0~85℃），ES表示是工程样品（Engineering sample）。

② Altera公司的FPGA产品系列代码为EP或EPF。典型产品型号含义如下：

EPF10K10：FLEX10K系列FPGA，典型逻辑规模是10k个有效逻辑门。

EPF10K30E：FLEX10KE系列FPGA，逻辑规模是EPF10K10的3倍。

EP1K30：ACEX1K系列FPGA，逻辑规模是EPF10K10的3倍。

3. CPLD和FPGA的编程配置

在大规模PLD器件出现之前，人们在设计数字系统时，把器件焊接在电路板上是设计的最后一个步骤。如果设计存在问题，设计者往往需要重新设计印制电路板（PCB）。然而CPLD/FPGA的出现改变了这一切，由于CPLD/FPGA具有在线编程（ISP）或在线重配置（ICR）功能，因此在系统设计之前，就可以将CPLD/FPGA焊接在印制电路板上，然后在设计调试时用下载编程或配置方式来改变其内部的硬件逻辑关系，而不必改变电路板的结构，从而实现简化硬件逻辑设计的目的，如图1-90所示。

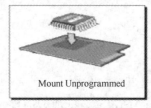  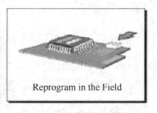

(a) 将PLD焊接在PCB上　　(b) 接好编程电缆　　(c) 现场烧写PLD芯片

图1-90　PLD编程操作过程示意图

可编程逻辑器件在利用开发工具设计好应用电路后，通常将对CPLD芯片的数据文件下载的过程称为编程（Program）；而对FPGA器件来讲，由于其内容在断电后即丢失，因此对其中的SRAM进行直接下载的方式称为配置（Configure）。由于编程或配置一般是把数据由计算机写入可编程逻辑器件芯片，因此也称为下载。要把数据由计算机写入CPLD芯片，一般是通过下载线和下载接口来实现的，也有专用的编程器。

CPLD的编程主要要考虑编程下载接口及其连接，而FPGA的配置除了考虑编程下载接口及其连接外，还要考虑配置器件问题。FPGA的配置模式是指FPGA用来完成设计时的逻辑配置和外部连接方式。只有经过逻辑配置后，FPGA才能实现用户需要的逻辑功能。

4. CPLD和FPGA的下载电缆与接口

PLD的编程或配置可以使用专用的设备，也可以使用下载电缆。如Altera公司为不同的器件系列提供了不同的编程与配置方式，主要有 BitBlaster 串行下载、ByteBlaster 并行下载和 ByteBlaster（MV）并行下载等方式。

在实际应用中，ByteBlaster 并行下载方式是最常用的方式，这种方式快速而且便捷，下载电缆的一端为 25 芯接口与计算机的并口相连，另一端的 10 针插座接口与 PCB 板相连，下载电缆连接如图 1-91 所示。

ByteBlaster 不但可以对 FLEX 系列器件进行配置重构，而且可以用来对 MAX9000 以及 MAX7000S、MAX7000A 等器件进行编程。

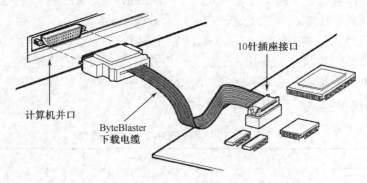

图 1-91 ByteBlaster 并行下载电缆连接方式

ByteBlaster（MV）并行下载方式是针对 Altera 公司的多电压器件而采用的，其在结构上基本和 ByteBlaster 下载方式相同，只不过在 25 针端口的定义上有点差别：在 ByteBlaster 下载方式下，第 15 脚接地；而在 ByteBlaster（MV）方式下，第 15 脚接 VCC。

目前可用的下载接口有专用接口和通用接口，串行接口和并行接口之分。专用接口有 Lattice 的 ISP 接口（ispLSI1000 系列）、Altera 的 PS 接口等；通用接口有 JTAG 接口。串行接口和并行接口不仅针对 PC，也针对可编程逻辑器件，串行接口和并行接口速度基本相同。

Altera 的 ByteBlaster（MV）（或 ByteBlaster、USBBlaster）下载电缆与 CPLD/FPGA 目标器件的接口一般是 10 针的插座，如图 1-92 所示。表 1-14 列出了 10 针的插座在 PS（被动串行模式）和 JTAG（边界扫描模式）两种模式下对应的信号。

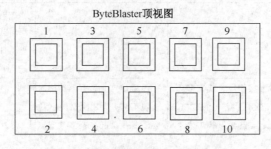

图 1-92 目标板上的 10 针下载接口

表 1-14 10 针插座在不同模式下的对应信号

引脚号 模式	1	2	3	4	5	6	7	8	9	10
PS 模式	DCK	GND	CONF DONE	VCC	CONFIG	NA	nSTATUS	NA	DATA0	GND
JTAG 模式	TCK	GND	TDO	VCC	TMS	NA	NA	NA	TDI	GND

5. CPLD 和 FPGA 的开发应用选择

（1）CPLD 和 FPGA 的性能比较。CPLD 和 FPGA 既继承了 ASIC 的大规模、高集成度、高可靠性的优点，又克服了 ASIC 设计周期长、投资大、灵活差的缺点，逐步成为复杂数字电路设计的理想首选器件。

① 系统开发规模。在中小规模范围（1000~50000 门）内，CPLD 价格较便宜，能直接用于系统开发，上市速度快，市场风险小。在大规模和超大规模逻辑资源、低功耗和价值比方面，FPGA 比 CPLD 占有更大的优势。例如，Altera Stratix Ⅱ 的 EP2S180 已达千万门的规模，芯片规模大能实现的更强功能，也更适于实现片上系统（SoC）。

② 系统结构特点。CPLD 是一个有点限制性的结构，缺乏编辑灵活性，但却有可预计的延迟时间和逻辑单元对连接单元高比率的优点。FPGA 具有很多的连接单元，其逻辑颗粒较小，可布线区域散布在所有的宏单元之间，编辑灵活，但结构较复杂。

CPLD 和 FPGA 的性能比较如表 1-15 所示。

表 1-15　CPLD 和 FPGA 的性能比较

项　目	CPLD	FPGA	说　明
触发器数量	少	多	CPLD 更适合实现组合逻辑，FPGA 更适合实现时序逻辑
设计类型	简单逻辑功能	复杂时序功能	
规模与逻辑复杂度	规模小、逻辑复杂度低	规模大、逻辑复杂度高	
成本与价格	低	高	
编程与配置	通过编程器烧写 ROM，为 ISP 模式。一般为 ROM 型，掉电后程序不丢失	通过 CPU 或 DSP 等在线编程。多数为 RAM 型，掉电程序丢失	FPGA 掉电后一般将丢失原有逻辑配置。而反熔丝工艺的 FPGA，如 Actel 公司的某些器件族，可以实现非易失配置方式
Pin to Pin 延时	确定，可预测	不可预测	FPGA 时序约束和仿真更为重要
互联结构/连线资源	集总式，相对布线资源有限	分布式，布线资源丰富	
保密性	可加密	不可加密	一般 FPGA 不易实现加密，但是目前一些采用 Flash 加 SRAM 工艺的新型器件，如 LatticeXP 系列等在内部嵌入 Flash，能够提供高的保密性
结构工艺	多为乘积项，工艺多为 E^2CMOS，也包 E^2PROM、Flash、Anti-fuse 等工艺	多为 LUT 加寄存器结构，实现工艺多为 SRAM，也包含 Flash、Anti-fuse 等工艺	

知识连接——可编程逻辑器件的编程元件

可编程逻辑器件的编程元件采用了几种不同的编程技术，这些可编程元件常用来存储逻辑配置数据或作为电子开关。常用的可编程元件有如下四种类型：①熔丝（Fuse）型开关；②反熔丝（Antifuse）型开关；③浮栅编程元件（EPROM 和 E^2PROM）；④基于 SRAM 的编程元件。

其中前三类为非易失性元件，编程后能使逻辑配置数据保持在器件上。SRAM 类为易失性元件，即每次掉电后逻辑配置数据会丢失。熔丝型和反熔丝型开关元件只能写一次，浮栅编程元件和 SRAM 编程元件则可以进行多次编程。反熔丝开关元件一般用在要求较高的军用系列（如通信卫星、航空电子仪器等）器件上，而浮栅编程元件一般用在民用系列器件上。

浮栅编程元件是较为重要的一种元件，包括紫外线擦除电编程的 EPROM、电擦除电编程的 EEPROM 及闪速存储器，这三种存储器都是用浮栅存储电荷的方法来保存编程数据的，因此在断电时，存储的数据是不会丢失的。

（2）芯片类型的选择。开发一个项目，首先要考虑的是选择哪种类型的器件芯片（CPLD 或 FPGA）以满足本系统的要求，这样有利于提高产品的性价比要求。

由于 CPLD 分解组合逻辑的功能很强，一个宏单元可以分解几十个组合逻辑输入，组合逻辑资源比较丰富，但寄存器资源较少，因此 CPLD 适合设计复杂组合逻辑。FPGA 芯片中包含的 LUT 和触发器数量非常多，寄存器资源比较丰富；而且如果用芯片的价格除以逻辑单元数量，FPGA 的平均逻辑单元成本大大低于 CPLD。但一个 LUT 只能处理 4 输入的组合逻辑，因此如果设计中使用到大量的触发器（时序逻辑），则 FPGA 就是一个很好的选择。

另外 FPGA 工作电压的流行趋势越来越低，3.3V、2.5V 甚至更低工作电压的 FPGA 使用已经非常普遍；而 CPLD 由于在线编程的需要，工作电压一般为 5V。因此从低功耗、高集成度方面考虑，FPGA 占有绝对的优势。至于 FPGA/CPLD 的掉电易失/非易失性，只是入门者为了简单所考虑的问题。

对于普遍规模且量产不是很大的产品项目，通常使用 CPLD 比较好，而对于大规模的逻辑设计、ASIC 设计或 SoC 设计，则采用 FPGA 比较合理。

（3）芯片系列及型号的选择。数字系统逻辑功能设计之前的一个重要问题就是 FPGA/CPLD 器件芯片的选型，包括厂商的选择，以及器件系列和型号的选择。

对于继承性产品的开发，尽量选用熟悉并一直使用的 PLD 厂商的产品；对于新产品的开发，则可以根据系统的特点和要求，以及各种 FPGA/CPLD 器件的特性来初步选择 PLD 厂商和产品系列。相对而言，Altera 和 Xilinx 公司的产品设计比较灵活，器件利用率和性价比较高，品种和封装形式也比较丰富。

选择具体型号的 FPGA/CPLD 器件时，需要考虑的因素较多，包括引脚数量、逻辑资源、片内存储器、封装形式、速度、功耗等。不同 PLD 公司在其产品的数据手册中描述芯片逻辑资源的依据和基准是不一致的，因此有很大的出入。在实际开发应用中，为了保证系统具有较好的可扩展性和可升级性，一般应留出一定的资源余量。

（4）芯片速度的选择。随着可编程逻辑器件集成技术的不断提高，FPGA/CPLD 的工作速度也不断提高，pin to pin 延时已达纳秒级，在一般使用中，器件的工作频率已足够了。目前，Altera 和 Xilinx 公司的器件标称工作频率最高都可超过 300MHz。具体设计中应对芯片速度的选择有一综合考虑，并不是速度越高越好。芯片速度的选择应与所设计的系统的最高工作速度相一致。使用了速度过高的器件将加大电路板设计的难度。这是因为器件的高速性能越好，则对外界微小毛刺信号的反映灵敏性越好，若电路处理不当，或编程前的配置选择不当，极易使系统处于不稳定的工作状态，其中包括输入引脚端的所谓"glitch"干扰。

在单片机系统中，电路板的布线要求并不严格，一般的毛刺信号干扰不会导致系统的不稳定，但对于即使最一般速度的 FPGA/CPLD，这种干扰也会引起不良后果。

（5）外围器件的选择。FPGA/CPLD 选定之后，还需根据它的特性，为其选择合适的电源芯片、片外存储器芯片、配置信息存储器等多种器件。在系统设计和开发阶段，应当尽量选择升级空间大、引脚兼容的器件；在产品开发后期再考虑将这些外围器件替换为其他的兼容器件以降低成本。

◎ 项目小结

本项目介绍了 EDA 技术及其发展历程，通过开发工具 MAX+plus II 和 Quartus II 软件，进一步说明了基于原理图的 EDA 设计的基本流程包括设计输入、分析综合、功能仿真、时序仿真、引脚锁定、编程下载等步骤。本项目另一重点是介绍可编程逻辑器件 CPLD/FPGA 的典型结构及其主流厂商的主要产品类型，并对 CPLD/FPGA 的选型进行简要说明。

◎ 项目练习

1．填空题

（1）一般把 EDA 技术的发展分为_____、_____、_____三个阶段。

（2）设计输入方式主要包括_____输入方式和_____输入方式。

（3）在保存.gdf 文件时，保存的文件名应与_____一致。

（4）PLD 的中文含义是_____，ASIC 的中文含义是_____，CPLD 的中文含义是_____，FPGA 的中文含义是_____。

（5）目前应用最广泛的大规模可编程逻辑器件包括_____和_____。

（6）CPLD 器件中包含_____、_____、_____三种逻辑资源。

（7）FPGA 的三种可编程单元是_____、_____、_____。

（8）CPLD 一般采用_____结构，其信息_____（能/不能）加密；断电后，CPLD 中的数据_____（会/不会）丢失。

（9）FPGA 一般采用_____结构，其信息_____（能/不能）加密；断电后，CPLD 中的数据_____（会/不会）丢失。

（10）通常，将对 CPLD 的数据文件下载称为_____，而对 FPGA 中的 SRAM 数据进行直接下载称为_____。

2．选择题

（1）MAX+plus II 的图形设计文件类型是（　　）。
  A．.scf B．.gdf C．.vhd D．.V

（2）Quartus II 是（　　）。
  A．高级语言 B．硬件描述语言 C．EDA 工具软件 D．综合软件

（3）如果要选择配置器件的编程配置方式，则应该在 Device and Options 对话框中选择（　　）选项卡。
  A．Configuration B．General C．Unused Pin D．Voltage

（4）下列对 CPLD 器件特点描述正确的是（　　）。
  A．不能多次编程 B．可多次编程 C．用紫外线擦除 D．用红外线擦除

（5）下列对 FPGA 器件特点描述正确的是（　　）。
  A．采用 EEPROM 工艺 B．采用 SRAM 工艺
  C．集成度比 PAL 和 GAL 低 D．断电后配置数据不丢失

（6）下列可以进行在系统编程的器件是（　　）。
  A．EPROM B．PAL C．GAL D．CPLD

（7）只能一次编程的器件是（　　）。
　　　A．PAL　　　　B．GAL　　　　C．CPLD　　　　D．FPGA
（8）可编程逻辑器件最显著的特点不包括（　　）。
　　　A．高集成度　　B．可移植性　　C．高速度　　　D．高可靠性
（9）在下列可编程逻辑器件中，属于易失性器件的是（　　）。
　　　A．PAL　　　　B．GAL　　　　C．CPLD　　　　D．FPGA
（10）边界扫描测试技术主要解决（　　）的测试问题。
　　　A．印制电路板　B．数字系统　　C．芯片　　　　D．微处理器

3．简答题

（1）何谓 EDA 技术？EDA 技术的核心内容是什么？
（2）EDA 技术的优势有哪些？
（3）CPLD 和 FPGA 有什么差异？在实际应用中各有什么特点？
（4）说明原理图输入法设计电路的详细流程。
（5）解释编程与配置这两个概念。
（6）根据你对 FPGA/CPLD 产品系列及新产品的了解，说明在选用 PLD 器件时应考虑哪些方面的问题？

附表：项目训练评定表

项目训练评价单	任务名称（　　）原理图设计输入		姓名		学号	
检查人	检查开始时间	检查结束时间	评价开始时间		评价结束时间	
评 分 内 容		标准分值	自我评价（20%）	小组评价（30%）		教师评价（50%）
1．创建项目工程文件和原理图文件		10				
2．原理图绘制		20				
3．指定器件型号、引脚锁定		20				
4．保存、编译文件		14				
5．生成波形文件并仿真		20				
6．编程下载与配置		16				
总分（满分 100 分）：						
教师评语：						
被检查人签名	日期		组长签名	日期	教师签名	日期

※评定等级分为优秀（90 分以上）、良好（80 分以上）、及格（60 分以上）、不及格（60 分以下）。

项目 2　VHDL 语言设计基础

◎ **项目剖析**

VHDL 语言是 EDA 技术的灵魂，也是进行电子设计的主流描述语言之一。本项目重点介绍 VHDL 语言的程序结构、语言要素、描述方法和设计方法，为 VHDL 工程设计打下基础。

◎ **技能目标**

通过本项目的学习，应达到以下技能目标：

（1）VHDL 语言的基本结构。

（2）掌握 VHDL 语言要素，主要包括 VHDL 文字规则、数据类型、数据对象、操作符、子程序和 VHDL 库等基本知识。

（3）VHDL 的顺序语句和并行语句的基本语法规则及应用。

任务 2.1　认识 VHDL 语言

2.1.1　VHDL 简介

1. VHDL 的起源

VHDL（Very high speed integrated circuit Hardware Description Language）即超高速集成电路的硬件描述语言，它 1978 年诞生于美国国防部的研究计划，目的是为了把电子电路的设计意义以文字或文件的方式保存，以便其他人能轻易地了解电路的设计意义。1981 年成立了 VHDL 工作组，1983 年有 IBM、TI 等公司组成 VHDL 开发组。

经过近 30 年的发展、应用和完善，VHDL 以其强大的系统描述能力、规范的程序设计结构、灵活的语言表达风格和多层次的仿真测试手段，在电子设计领域得到了普遍认同和广泛接受，成为现代 EDA 领域的首选硬件描述语言。目前，流行的 EDA 工具软件全部支持 VHDL，VHDL 是现代电子设计人员必须掌握的硬件描述语言。

2. VHDL 的标准

（1）1985 年第 1 版。

（2）1987 年为 IEEE 标准（IEEE1076）。

（3）1993 年增修为 IEEE1164 标准。

（4）1996 年加电路合成标准程序和规格 IEEE1076.3 标准。美国国防部规定其为官方 ASIC 设计语言。

（5）1995 年中国国家技术监督局推荐 VHDL 为我国硬件描述语言的国家标准。

3. HDL 语言的种类

Verilog HDL：以 C 语言为基础，由 GDA（Gateway Design Automation）公司的 Phil Moorby 创建于 1983 年。1989 年 CADENCE 公司收购了 GDA 公司，拥有 Verilog HDL 的独家专利。于 1990 年正式发表了 Verilog HDL，并成立 OVI（Open Verilog International）组织推进其发展。1995 年 CADENCE 公司放弃了 Verilog HDL 专利，使之成为 IEEE 标准（IEEE1364）。

VHDL 和 Verilog HDL 语言的优缺点比较：

（1）VHDL 比 Verilog HDL 在语法上更严谨。
（2）文档记录、综合性及器件和系统仿真，VHDL 更好。
（3）VHDL 在门级描述方面不如 Verilog，但系统级抽象描述方面优势很大。

4. VHDL 语言的设计过程

VHDL 语言的设计过程如图 2-1 所示。

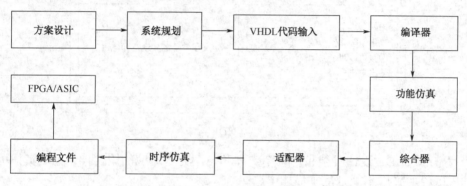

图 2-1　VHDL 语言设计过程

（1）从系统方案设计入手，在顶层进行系统功能划分和结构设计。
（2）用 VHDL 语言对高层次的系统行为进行描述。
（3）通过编译器形成标准的 VHDL 文件，并在系统级验证系统功能的设计正确性。
（4）用逻辑综合优化工具生成具体的门级电路的网表，这是将高层次描述转化为硬件电路的关键。
（5）利用产品的网表进行适配后的时序仿真。
（6）系统的物理实现，可以是 CPLD、FPGA 或 ASIC、SOPC。

2.1.2　VHDL 的定义及构成

1. VHDL 的定义

VHDL（Very High Speed Integrated Circuit Hardware Description Language），即超高速集成电路硬件描述语言。

2. VHDL 的功能

VHDL 主要用于描述数字系统的结构、行为、功能和接口。

3. VHDL 的特点

VHDL 是将一个元件、电路模块、系统的设计作为一项设计实体，并将其分为外部和内部两个部分。外部又称为可视部分，即 I/O 端口；内部又称为不可视部分，即设计实体的内部功能和算法。

4. VHDL 的构成

一个 VHDL 设计由若干个 VHDL 文件构成，每个文件主要包含如下三个部分中的一个或全部：程序包（Package）、实体（Entity）、结构体（Architecture）。其各自作用如图 2-2 所示。

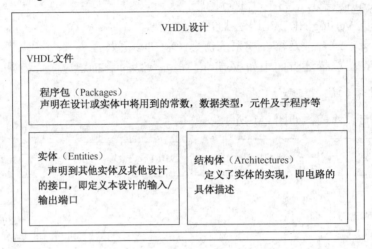

图 2-2　VHDL 构成

一个完整的 VHDL 设计必须包含一个实体和一个与之对应的结构体。一个实体可对应多个结构体，以说明采用不同方法来描述电路。

以具有异步清零、进位输入/输出的四位计数器为例，讲解 VHDL 的基本构件；以下为此计数器的 VHDL 代码：

【例 2-1】异步清零、进位输入/输出的四位计数器的 VHDL 程序设计如下。

```
library ieee;                                          --库，程序包调用
use ieee.std_logic_1164.all;
use ieee.std_logic_unsigned.all;
entity cntm16 is                                       --实体
 port
  ( ci     : in   std_logic;
    nreset : in   std_logic;
    clk    : in   std_logic;
    co     : out  std_logic;
    qcnt   : buffer std_logic_vector (3 downto 0)      --此处无"；"
  );
end cntm16;
architecture behave of cntm16 is                       --结构体
begin
  co<='1' when (qcnt="1111" and ci='1') else '0';
 process (clk,nreset)                                  --进程（敏感表）
    begin
       if (nreset='0') then
         qcnt<="0000";
       elsif (clk'event and clk = '1') then
```

```
                    if(ci='1') then
                       qcnt<=qcnt+1;
                  end if;
              end if;
       end process;
       end behave;
```

> **核心提示**
>
> 基本的标识符由字母、数字以及下划线组成，且具有如下特征。
> 第一个字符必须为字母，最后一个字符不能是下划线，不允许连续两个下划线，最长 32 个字符，不区分大小写；不能和 VHDL 的保留字相同。各完整语句均以";"结尾，以"--"开始的语句为注释语句，不参与编译。

任务 2.2 VHDL 的描述结构

2.2.1 实体（Entity）

VHDL 表达的所有设计均与实体有关，实体是设计中最基本的模块。设计的最顶层是顶层实体。如果设计分层次，那么在顶层实体中将包含较低级别的实体。

实体中定义了该设计所需的输入/输出信号，信号的输入/输出类型被称为端口模式，同时，实体中还定义它们的数据类型。

实体的格式如下：

```
       entity<entity_name实体名>is
         port
           <port list for your design,列出设计的输入/输出信号端口>
         end<entity name>;
    以上述的四位计数器为例，则该计数器的实体部分如下：
entity cntm16 is                                    --实体
 port
 ( ci      : in      std_logic;
   nreset  : in      std_logic;
   clk     : in      std_logic;
   co      : out     std_logic;
   qcnt    : buffer  std_logic_vector（3 downto 0） --此处无"；"
                 信号名    端口模式    端口类型
 );
end cntm16;
```

由此看出，实体（entity）类似于原理图中的符号（symbol），它并不描述模块的具体功能。实体的通信点是端口（port），它与模块的输入/输出或器件的引脚相关联。上述实体对应的原理图符号如图 2-3 所示。

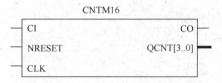

图 2-3　四位二进制计数器原理图符号

每个端口一般必须定义信号名和属性两部分内容。
(1) 信号名：端口信号名在实体中必须是唯一的。信号名应是合法的标识符。
(2) 属性：它包括：
模式 (MODE)：决定信号的流向。
类型 (TYPE)：端口所采用的数据类型。
① 端口模式 (MODE) 有以下几种类型：

```
    In          --信号进入实体但并不输出
    Out         --信号离开实体但并不输入；并且不会在内部反馈使用
    Inout       --信号是双向的（既可以进入实体，也可以离开实体）
    Buffer      --信号输出到实体外部，但同时也在实体内部反馈；buffer缓冲是双向的子集，但
                  不是由外部驱动的
```

端口模式可用图 2-4 说明（黑框代表一个设计或模块）。

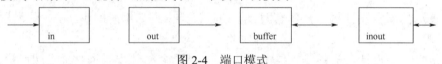

图 2-4　端口模式

② 端口类型 (TYPE) 定义端口的数据类型，包括以下几种：

```
    integer              --可用作循环的指针或常数，通常不用于 I/O 信号
    例如：
    signal count :integer range 0 to 255;
                    count <= count + 1;
    bit                  --可取值 '0' 或 '1'
    std_logic            --工业标准的逻辑类型，取值 '0'，'1'，'X' 和 'Z'
    std_logic_vector     --std_logic的组合，工业标准的逻辑类型
```

VHDL 是与类型高度相关的语言，不允许将一种信号类型赋予另一种信号类型。在本教程中主要采用 std_logic 和 std_logic_vector。若对不同类型的信号进行赋值需使用类型转换函数。

在 VHDL 中除上述常用于端口类型的数据类型外，还有其他多种数据类型用于定义内部信号、变量等，如可枚举类型 enumeration（常用于定义状态机的状态），存取型（Access Types），文件型（File Types）常用于建立模拟模型，物理类型（Physical Types）定义测量单位，用于模拟。

其中可枚举类型 enumeration 常用于定义状态机的状态，可枚举类型语法结构如下：

```
    type <type_name 类型名> is  (<value list 值列表>);
```

使用时和其他类型一样：

```
    signal  sig_name : type_name;
```

例如：

```
type traffic_light_state is (red, yellow, green);
signal  present_state, next_state :traffic_light_state;
```

2.2.2 结构体（Architecture）

所有能被仿真的实体都由一个结构体描述，结构体描述实体的行为功能，即设计的功能。一个实体可以有多个结构体，一种结构体可能为行为描述，而另一种结构体可能为设计的结构描述或数据通道的描述。结构体是 VHDL 设计中最主要的部分，它一般由一些各子部分构成，如图 2-5 所示。

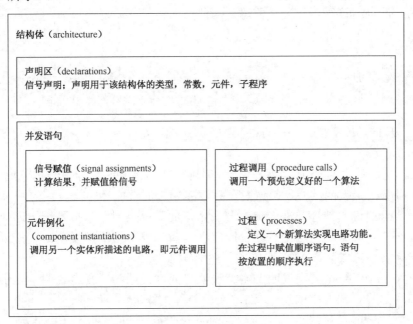

图 2-5　结构体构成框图

结构体的一般格式如下：

```
architecture<architecture_name 结构体名>of<entity_name>is
    --结构体声明区域
    --声明结构体所用的内部信号及数据类型
    --如果使用元件例化，则在此声明所用的元件
begin --以下开始结构体，用于描述设计的功能
    --concurrent signal assignments并行语句信号赋值
    --processes 进程（顺序语句描述设计）
    --component instantiations 元件例化
end<architecture_name>;
```

例如四位计数器的结构体（Architecture）如下：

```
--这是一个模为16，同步计数，异步清零、进位输入/输出的计数器的结构体
architecture behave of cntm16 is          begin
    co<='1' when (qcnt="1111" and ci='1') else '0'; --并行赋值语句
    process (clk,nreset)                            --进程（敏感表）
        begin
            if(nreset='0') then                     --顺序语句
```

```
            qcnt<="0000";
        elsif (clk'event and clk = '1') then
            if (ci='1') then
                qcnt<=qcnt+1;
            end if;
        end if;
    end process;
end behave;
```

结构体（Architecture）描述的是实体中的具体逻辑，采用一些语句来描述设计的具体行为。因为语句中涉及运算符、数据对象等，因此后面将分别说明。

核心提示

一个完整的、能够被综合实现的 VHDL 设计必须有一个实体和对应的结构体。一个实体和其对应结构体可构成一个完整的 VHDL 设计。一个实体可对应一个结构体或多个结构体。

2.2.3 程序包（Package）与 use 语句

在 VHDL 语言中，数据类型、常量与子程序可以在实体说明部分和结构体部分加以说明；而且实体说明部分所定义的类型，常量及子程序在相应的结构体中是可见的（可以被使用）。但是，在一个实体的说明部分与结构体部分中定义的数据类型，常量及子程序对于其他实体的说明部分与结构体部分是不可见的。程序包就是为了使一组类型说明，常量说明和子程序说明对多个设计实体都成为可见的而提供的一种结构。

程序包定义了一组数据类型说明、常量说明、元件说明和子程序说明。以供其他多个设计实体引用。它如同 C 语言中的*.h 文件定义了一些类型说明、函数一样。

程序包分为包头和包体两部分。包头以保留字 package 开头，包体则以 package body 识别。

下面以一个程序包为例对程序包进行详细说明。

```
--包头说明
package logic is
    type three_level_logic is ('0','1','z');
    constant unknown_value :three_level_logic := '0';
    function invert ( input : three_level_logic) return three_level_logic
);
end logic;
--包体说明
    package body logic is
--如下是函数invert的子程序体
function invert ( input : three_level_logic) return three_level_logics);
    begin
        case input is
            when '0' =>return '1';
            when '1' =>return '0';
            when 'z' =>return 'z';
        end case;
```

```
            end invert;
        end logic;
```

一个程序包所定义的项对另一个单元并不是自动可见的,如果在某个 VHDL 单元之前加上 use 语句,则可以使得程序包说明中的定义项在该单元中可见。

```
    --假定上述程序包logic的说明部分已经存在
    --下面的use语句使得three-level-logic和invert        --对实体说明成为可见
    use  logiC. three_level_logic.logic;
    use  logiC. three_level_logiC. invert;
    --或use logic.all。保留字all代表程序包中所有的都可见,即表示使用--库/程序包中的所
      有定义
    entity inverter is
        port (x: in three_level_logic;
    y: out three_level_logic);
    end inverter;
    --结构体部分继承了实体说明部分的可见性,--所以不必再使用USE语句
    architecture three level logic of inverter is
    begin
      process
        begin
            y<=invert (x);                              --一个函数调用
          wait on x;
        end procsess;
end inverter_body;
```

2.2.4 库（Library）

库是专门存放预先编译好的程序包（package）的地方,这样它们就可以在其他设计中被调用。它实际上对应一个目录,预编译程序包的文件就放在此目录中。用户自建的库即为设计文件所在的目录,库名与目录名的对应关系可在编译软件中指定。

例如,在上述计数器设计中开始部分有:

```
    library ieee;
    use  ieee.std logic 1164.all;
    use  ieee. std_logic_unsigned.all;
```

ieee 是 IEEE 标准库的标志名,下面两个 use 语句使得以下设计可使用程序包 std_logic_1164、std_logic_unsigned 中预定义的内容。表 2-1 是 IEEE 两个标准库 "std" 与 "ieee" 中所包含的程序包的简单解释。

表 2-1 程序包简介

库 名	程 序 包 名	包中预定义内容
std	standard	vhdl 类型,如 bit, bit_vector
ieee	std_logic_1164	定义 std_logic, srd_logic_vector 等
ieee	numeric_std	定义了一组基于 std_logic_1164 中定义的类型的算术运算符,如"+","-", shl, shr 等
ieee	std_logic_arith	定义有符号与无符号类型,及基于这些类型上的算术运算
ieee	std_logic_signed	定义了基于 std_logic 与 std_logic_vector 类型上的有符号的算术运算
ieee	std_logic_unsigned	定义了基于 std_logic 与 std_logic_vector 类型上的无符号的算术运算

核心提示

在 MAX+plusII 软件系统中，在 Altera 库中提供如下两个程序包：
maxplus2　定义了 74 系列各模块。
megacore　定义了如 FFT、8255、8251、图像格式转换函数等大块。

2.2.5　配置（Configuration）

前面说过，一个实体可用多个结构体描述，在具体综合时选择哪一个结构体来综合，则由配置来确定，即配置语句来安装连接具体设计（元件）到一个实体——结构体对。配置被看做是设计的零件清单，它描述对每个实体用哪一种行为，所以它非常像一个描述设计每部分用哪一种零件的清单。

配置语句举例：

```
--这是一个两位相等比较器的例子，它用四种不同描述来实现，即有四种结构体描述方法
  entity equ2 is
    port (a,b: in   std_logic_vector (1 downto 0);
          equ: out  std_logic );
  end equ2;
```

（1）用元件例化来实现，即网表形式。

```
architecture netlist of equ2 is
    component nor2
    port (a, b: in   std_logic;
          c: out    std_logic);
    end component;
    component xor2
    port (a, b: in   std_logic;
          c: out    std_logic);
    end component;
  signal x: std_logic_vector (1 downto 0);
  begin
          u1: xor2 port map (a(0), b(0), x(0));
          u2: xor2 port map (a(1), b(1), x(1));
          u3: nor2 port map (x(0), x(1), equ);
end netlist;
```

（2）用布尔方程来实现。

```
architecture equation of equ2 is
begin
    equ<= (a(0) xor b(0)) nor (a(1) xor b(1));
end equation;
```

（3）用行为描述来实现，采用并行语句。

```
architecture con_behave of equ2 is
begin
    equ<='1' when a=b else '0';
end con_behave;
```

(4）用行为描述来实现，采用顺序语句。

```
architecture seq_behave of equ2 is
begin
process (a,b)
  begin
    if a=b then
    equ<='1';
    else
    equ<=0;
    end if;
  end process;
end seq_behave;
```

在上述的实例中，实体 equ2 拥有四个结构体：netlist、equation、con_behave、seq_behave，若用其例化一个相等比较器 aequb，那么实体究竟对应于哪个结构体呢？配置语句（configuration）很灵活地解决了这个问题。

如选用结构体 netlist，则用

```
configuration aequb of equ2 is
    for netlist
    end for;
end configuration;
```

如选用结构体 con_behave，则用

```
configuration aequb of equ2 is
    for con_behave
    end for;
end configuration;
```

核心提示

以上四种结构体代表了三种描述方法：netlist（网表）、equation（方程）、behavior（行为描述）。有时将它们称为 structural（结构描述）、data flow（数据流描述）、behavioral（行为描述）。

behavioral（行为描述）反映一个设计的功能或算法，一般使用进程 process，用顺序语句表达；dataflow（数据流描述）反映一个设计中数据从输入到输出的流向，使用并发语句描述；structural（结构描述）反映一个设计硬件方面特征，表达了内部元件间的连接关系。使用元件例化来描述。

2.2.6 标识符

VHDL 标识符可以是常数、变量、信号、端口、子程序等的名字，其书写格式规则有如下几点要求：

（1）有效字符包括 26 个英文大小写字母、0~9 数字、下划线"_"；
（2）标识符必须以字母开头；
（3）标识符中字母不区分大小写；
（4）必须是单下划线，且其后必须有字母或数字。

以下是标识符的实例。
(1) 合法的标识符：

Decoder_1、FFT、Sig_N、Not_Ack、State0、Idle

(2) 非法的标识符：

```
_Decoder_1        --起始为非英文字母
2FFT              --起始为数字
Sig_#N            --"#"不是有效字符
Not-Ack           --"-"不是有效字符
RyY_RST_          --不能以下划线"_"结尾
data__BUS         --不能是连续两个下划线"_"
return            --不能是关键词
```

2.2.7 保留字

以下为 VHDL 的保留字，又称关键字，在 VHDL 语言中有特殊的含义，不能作为标识符出现。此外，不同的综合系统还定义各自的子程序，子程序名也不能作为标识符出现。对于逻辑综合而言，并不是所有的保留字都有意义。

abs	component	if	open	subtype
access	configuration	in	or	then
after	constant	inout	others	to
alias	disconnect	is	process	transport
all	downto	label	range	type
and	else	library	record	units
architecture	elsif	linkage	register	util
array	end	loop	rem	use
assert	entity	map	report	variable
attribute	exit	mod	return	wait
begin	file	nand	select	when
block	for	new	severity	while
body	function	next	signal	with
buffer	generate	nor	subtype	xor
bus	generic	null	then	
case	guarded	of	severity	
		on	signal	

任务 2.3　VHDL 的数据对象

2.3.1　信号

信号（signal）是全局量，实体中定义的信号在其对应结构体中都可见。信号可作为设计实体中并行语句模块间的信息交流通道，交流来自顺序语句结构中的信息。信号不仅可容纳当前值而且也可保持历史值,这一属性与触发器的记忆功能相似。

信号定义格式:

```
signal 信号名:数据类型[ := 初始值];
      信号赋值语句表达式:
目标信号名 <= 表达式;
```

下面为信号定义的例子。

```
signal count : std_logic_vector (3 downto 0) := "0000";
--4位矢量信号,初值为0000
signal q : std_logic_vector (3 downto 0);   --4位矢量信号,无初值
signal flag1,flag2 : bit;                    --2个数据类型bit的信号
signal a : integer range 0 to 15;            --数据类型整数,变化范围0~15
q <= count;                                  --将count赋值给q
flag1 <= flag2 after 5ns;                    --延时5ns后将flag2赋值给flag1
```

2.3.2 变量

变量(variable)是局部量,只能在进程和子程序中使用,不能将信息带出对它进行定义的当前设计单元。变量的赋值是一种理想化的数据传送,是立即发生,不存在延时的行为。变量常用在实现某种算法的赋值语句中。

变量定义格式:

```
variable 变量名:数据类型[ := 初始值];
```

变量赋值语句表达式:

```
目标信号名 := 表达式;
```

例如:

```
variable a: integer := 0;         --变量定义
        b:= a+a;                  --变量赋值
```

信号与常量的可视性规则为两者都具有全局性,使用范围取决于被定义的位置。若定义在程序包中,则可用于调用此程序包的所有设计实体;若定义在设计实体中,则可用于这个实体定义的所有结构体;若定义在某个实体的一个结构体中,则只能用于此结构体;若定义在结构体的某一单元(如一个进程),则只能用于这一进程。

信号与变量的比较如表 2-2 所示。

表 2-2 信号与变量对比表

功 能	信 号(signal)	变 量(variable)
接收与保持信号的方式	可设置传输延迟量	不可设置
保持与传递信息的区域	可作为模块间信息传递的载体(如在结构体的各进程间传递信息)	只能作为局部的信息载体(如只能在定义的进程中有效)
声明位置	声明在子程序、进程等程序结构的外部	声明在子程序、进程等程序结构的内部

续表

功　能	信　号（signal）	变　量（variable）
赋值符	<=	:=
基本范围	用于电路中的信号连接线	用于进程中局部数据存储单元
适用范围	在整个结构体内适用	只能在所定义的进程内使用
行为特性	进程中信号的赋值在进程结束时起作用	立即赋值

以异或门的设计为例，分别采用信号和变量时区别如下。

【例 2-2】 使用信号的情况。

```
library ieee;
use ieee.std_logic_1164.all;
entity xor_sig is
port (a,b,c : in std_logic;
      x,y : out std_logic);
end xor_sig;
architecture sig_arch of xor_sig is
signal d : std_logic;
begin
sig:process (a,b,c)
    begin
        d <= a;              --未立即赋值
        x <= c xor d;
        d <= b;              --d的值被覆盖
        y <= c xor d;
    end process;
end sig_arch;                --执行结果：x <= c xor b, y <= c xor b
```

【例 2-3】 使用变量的情况。

```
library ieee;
use ieee.std_logic_1164.all;
entity xor_sig is
port (a,b,c : in std_logic;
      x,y : out std_logic);
end xor_sig;
architecture sig_arch of xor_sig is
variable d : std_logic;
begin
sig:process (a,b,c)
    begin
        d <= a;              --立即赋值
        x <= c xor d;
        d <= b;
        y <= c xor d;
    end process;
end sig_arch;                --执行结果：x <= c xor a, y <= c xor b
```

2.3.3 常量

常量（constant）的定义和设置主要是为了程序的可读性和可修改性。例如，将逻辑位的宽度定义为一个常量，只要修改这个常量值就可容易地改变宽度，从而改变硬件结构。常量是恒定不变的值，一旦做了数据类型和赋值定义后就不能改变，因而具有全局意义。

常量定义格式：

```
constant 常量名:数据类型:= 表达式;
```

例如：

```
constant fbus : bit_vector = "010115";    --位矢数据类型
constant VCC : real := 5.0;               --实数数据类型
constant dely : time := 25 ns;            --时间数据类型
```

【例 2-4】用 VHDL 设计一位 BCD 码加法器。

```
library ieee;
use ieee.std_logic_1164.all;
use ieee.std_logic_unsigned.all;
entity bcdadder is
port (op1,op2 :  in integer range 0 to 9;
      result  : out integer range 0 to 31);
end bcdadder;
architecture behave of bcdadder is
constant adjustnum : integer := 6;          --定义常量,整数类型,值为6
signal binadd : integer range 0 to 18;      --定义信号,保存
begin
    binadd <= op1 + op2;                    --信号赋值
    process (binadd)
    variable tmp : integer := 0;            --定义变量,并赋初值0
    begin
        if binadd > 9 then
            tmp := adjustnum;               --变量赋值,立即起作用
        else
            tmp := 0;
        end if;
        result <= binadd + tmp;
    end process;
end behave;
```

任务 2.4 VHDL 的数据类型

VHDL 是一种强类型语言，对每个常数、变量、信号、函数及设定的各种参量的数据类型（Data Type）都有严格要求，相同数据类型的量才能互相传递和作用。

1. 标准定义的数据类型

布尔（boolean）：布尔量的取值为 false 和 true。

字符（character）：字符在编程时用单引号括起来，如 'A'。区分大小写，如 'Z' 与 'z' 是不相同的。

字符串（string）：编程时用双引号括起，如 "1111001111"。

整数（integer）：VHDL 中的整数范围从 $-(2^{31}-1) \sim (2^{31}-1)$。

实数（real）：VHDL 中的实数范围从-1.0E+38～+1.0E+38。通常情况下，实数类型仅用在 VHDL 仿真器中，综合器不支持实数。

位（bit）：取值只能是 '0' 和 '1'。

位矢量（bit_vector）：是基于 bit 数据类型的数组，使用位矢量必须注明宽度，即数组中的元素个数和排列。

例如：

```
signal a:bit_vector (7 downto 0);      --8位的位矢量,最左位是a(7)
signal a:bit_vector (0 to 7);          --8位的位矢量,最左位是a(0)
```

时间（time）：一般用于仿真，对于逻辑综合意义不大。时间类型完整表达方法包含整数和单位两部，两部分间至少留一个空格，取值范围与整数相同。定义的时间单位有：

hr（=60min）　　时
min（=60sec）　　分
sec（=1000ms）　　秒
ms（=1000μs）　　毫秒
us（=1000ns）　　微秒
ns（=1000ps）　　纳秒
ps（=1000fs）　　皮秒
fs　　　　　　　飞秒

自然数（natureal）和正整数（positive）：自然数是整数的一个子类型，包括零和正整数；正整数也是整数的一个子类型，包括整数中非零和非负的数值。

错误等级（severity level）：在 VHDL 仿真器中，错误等级用来设计系统工作状态。有 4 种状态值：note、warning、error 和 failure。

2. IEEE 预定义标准逻辑位与矢量

std_logic：工业标准的逻辑类型，取值有 '0'（强0）、'1'（强1）、'Z'（高阻态）、'X'（强未知的）、'W'（弱未知的）、'L'（弱0）、'H'（弱1）、'-'（忽略）、'U'（未初始化的）。其中仅前 4 种具有实际物理意义，其他是为了与模拟环境相容才保留的。

std_logic_vector：工业标准的逻辑类型，std_logic 的组合。

> **核心提示**
>
> 在使用 std_logic 和 std_logic_vector 时，必须在程序中有声明 ieee 库及程序包 std_logic_1164 的说明语句，即：
>
> library ieee;

```
use ieee.std_logic_1164.all
```

另外,由于 std_logic 不像 bit 只有两种取值,在编程时应当特别注意,如 if 语句中是否会因未考虑 std_logic 的所可能取值情况而插入不希望的锁存器,case 语句中是否少了分支等。

3. 用户自定义的数据类型

(1) 枚举类型(enumerated types)是用文字符号表示一组实际的二进制数。

枚举类型定义语法:

```
type 数据类型名 is (枚举文字,枚举文字,.....);
```

下面是两个枚举类型的定义及其相应的变量和信号声明:

```
type color is (red,green,yellow,blue);
type level is ('0', '1', 'Z');
variable a : color;
signal v : level;
…
a := red;
v <= '1';
```

(2) 整数类型(integer types)和实数类型(real types)。

整数类型和实数类型用户定义格式:

```
type 数据类型名 is range 约束范围;
```

例如:

```
type int is range -10 to 10;
```

① 数组类型(array types):属复合类型,是将一组具有相同数据类型的元素集合起来作为一个数据对象来处理的数据类型。

数组类型用户定义格式:

```
type 数据类型名 is array (索引范围) of 类型名称;
```

例如:

```
type a is array (integer 0 to 9) of std_logic;
```

其中索引范围为 0~9,每一个数组元素的类型为 std_logic。

② 记录类型(recode types):记录类型也是一种数组,但它可以是由不同数据类型的元素构成的数组,是异构复合类型。

记录类型用户定义格式:

```
type 记录类型名 is recode
元素名 : 数据类型名;
元素名 : 数据类型名;
end recode[记录类型名];
```

例如:

```
constant len : integer := 100;
type arraylogic is array (99 downto 0) of std_logic_vector(7 downto 0);
type table is recode
```

```
    a : integer range 0 to len;
    b : arraylogic;
    c : std_logic_vector(7 downto 0);
end recode;
```

任务 2.5　VHDL 的运算符

VHDL 语言中的各种表达式都是由运算符和操作数组成的,操作数是表达式中各种运算的对象,而运算符(又称操作符)则规定操作数的运算方式。VHDL 语言预定义了五种运算符:逻辑运算符、算术运算符、关系运算符、符号运算符、移位运算符。

使用运算符时,要严格遵循以下规则:
(1)基本运算符两边的操作数的数据类型必须相同。
(2)操作数的数据类型必须与运算符所规定的数据类型完全一致。
(3)运算符具有规定的优先级,运算符所执行的操作有先后次序。

2.5.1　逻辑运算符

逻辑运算的操作数可以是 bit、boolean 和 std_logic 数据类型,以及一维数组 bit_vector 和 std_logic_vector 类型。要求运算符两边操作数的数据类型相同、位宽相同。逻辑运算按位进行操作,运算结果的数据类型与操作数的数据类型相同。

一个表达式中有两种以上逻辑运算符时,应用括号对这些运算进行分组。如果一个表达式中只有 and、or 和 xor 三种运算符中的一种,则改变运算顺序不会影响电路的逻辑关系。逻辑运算符 not 处于最高优先级,而其余的逻辑运算符处于最低优先级。逻辑运算符具体说明如表 2-3 所示。

表 2-3　逻辑运算符具体说明

类　型	操作符	功　能	操作数数据类型
逻辑操作符	and	逻辑与运算	bit,boolean,std_logic
	or	逻辑或运算	bit,boolean,std_logic
	nand	逻辑与非运算	bit,boolean,std_logic
	nor	逻辑或非运算	bit,boolean,std_logic
	xor	逻辑异或运算	bit,boolean,std_logic
	xnor	逻辑同或运算	bit,boolean,std_logic
	not	逻辑非运算	bit,boolean,std_logic

2.5.2　算术运算符

VHDL 语言共有 9 种用于算术运算的操作符,可分为求和操作、求积操作和混合操作三类,算数运算符具体说明如表 2-4 所示。

表2-4 算术运算符具体说明

类　型	操　作　符	功　能	操作数数据类型
算术操作符	+	加法运算	整数
	-	减法运算	整数
	&	并置运算	一维数组
	*	乘法运算	整数和实数
	/	除法运算	整数和实数
	mod	取模运算	整数
	rem	求余运算	整数
	**	乘方运算	整数
	abs	取绝对值	整数

1. 求和操作

包括加法操作（+）、减法操作（-）和并置操作（&）三种。

（1）加、减操作符要求操作对象的数据类型可以是整数、实数或物理量，用于实现操作数加法和减法操作，其运算规则与常规的加减法相同。

（2）并置操作符（&）又称连接运算符，可以将多个数据元素合并成一个新的一维数组，也可以将两个一维数组中的元素分解连接成新的一维数组。新产生的一维数组位宽等于两个操作数的位宽之和，而数组元素的顺序取决于操作数的位置。

并置操作常用于字符串的连接和数组的位数扩展，参与操作的操作数可以是 BIT 和 STD_LOGIC 数据类型。

例如将单个元素组成一个四位数组和一个八位数组。

设组成的数组分别为：

```
x=[a, b, c, d],
y=[a, b, c, d, e, f, g, h]。
signal x: std_logic_vector ( 3 downto 0 );   --定义数组x
signal y: std_logic_vector ( 7 downto 0 );   --定义数组y
signal z: std_logic_vector ( 3 downto 0 );   --定义数组z
signal a,b,c,d,e,f,g,h std_logic;            --定义逻辑位a~h
    x <= a & b & c & d;                      --单元素并置为4位数组
    z <= e & f & g & h;                      --单元素并置为4位数组
    y <= x & z;                              --两个四位数组并置为8位数
```

2. 求积操作

包括乘法（*）、除法（/）、取模（mod）和求余（rem）四种操作。

乘除法的操作数可以是整数或实数。在设计中，通常选用 bit_vector、std_logic_vector 或 integer 等数据类型。

取模和求余操作与除法操作相同，要求其操作数必须是以 2 为底的幂。操作数的数据类型只能是整数型，其运算结果也是整数型。

mod 和 rem 的区别是：

y mod x 运算的结果是 y 除以 x 所得的余数，运算结果通过信号 x 返回；

y rem x 运算的结果是 y 除以 x 所得的余数，结果通过信号 y 返回。

使用求积操作符灵活方便，但 VHDL 综合过程资源耗费非常突出，一般情况不要轻易使用，尽量用变通的方法来实现。

3. 混合操作

混合操作只有乘方（**）和取绝对值（abs）两种运算，其数据类型一般为整数。

乘方运算符的左边可以是整数或浮点数，而右边必须为整数。当操作符左边为浮点时，其右边的可以是负数。

例如：

```
x<=abs（a）;
y<=2**b;
```

2.5.3 关系运算符

关系运算是对两个相同类型的操作数进行大小比较或排序判断，比较结果以 BOOLEAN 数据类型表示，可能是 TRUE，也可能是 FALSE，共有六种运算符，具体说明如表 2-5 所示。

表 2-5 关系运算符具体说明

类 型	操 作 符	功 能	操作数数据类型
关系操作符	=	等于	任何数据类型
	/=	不等于	任何数据类型
	<	小于	枚举与整数，及对应的一维数组
	>	大于	枚举与整数，及对应的一维数组
	<=	小于等于	枚举与整数，及对应的一维数组
	>=	大于等于	枚举与整数，及对应的一维数组

核心提示

使用关系运算时，应注意以下几点。

（1）"="和"/="的操作数可以是所有类型的数据，而其余四种运算符可以使用整数类型、实数类型、枚举类型和数组类型；

（2）操作符两边操作数的数据类型必须相同，但位数可以不同；

（3）整数和实数的比较与数学中的比较方法相同，枚举型数据大小的排序方法与它们的定义顺序一致；

（4）对位矢量数据进行比较（排序判断）时，比较过程是按从左向右的顺序按位进行比较的，操作数的位宽可以不同，但有时会产生错误结果。

2.5.4 符号运算符

有正号（+）和负号（-）两个操作符，用于整数的符号操作，符号运算符具体说明如表 2-6 所示。

表 2-6 符号运算符具体说明

类 型	操 作 符	功 能	操作数数据类型
符号操作符	+	正号	整数
	-	负号	整数

> **核心提示**
>
> 正号操作符（+）对操作数的符号不做任何改变；负号操作符（-）将对原操作数取负。

2.5.5 移位运算符

移位运算符是 VHDL'93 标准版新增加的运算符，在 VHDL'87 版中没有定义。共有 6 种操作符号，移位运算符具体说明如表 2-7 所示。

表 2-7 移位运算符具体说明

类 型	操 作 符	功 能	操作数数据类型
移位操作符	sll	逻辑左移	bit 或布尔型一维数组
	srl	逻辑右移	bit 或布尔型一维数组
	sla	算术左移	bit 或布尔型一维数组
	sra	算术右移	bit 或布尔型一维数组
	rol	逻辑循环左移	bit 或布尔型一维数组
	ror	逻辑循环右移	bit 或布尔型一维数组

2.5.6 操作符的运算优先级

操作符的运算优先级具体说明如表 2-8 所示。

表 2-8 操作符的运算优先级

优先顺序	运 算 符	运算优先级
1	not, abs, **	最高优先级
2	*, /, mod, rem	
3	+（正号），-（负号）	
4	+（加号），（减号），&	
5	sll, sla, srl, sra, rol, ror	
6	=, /=, <, <=, >, >=	
7	and, or, nand, nor, xor, xnor	最低优先级

> **核心提示**
>
> 表达式中运算符执行的顺序：
> 1. ( )，最先进行括号内的运算；
> 2. not、abs、**运算；
> 3. *、/、mod、rem 运算；

4. +（正号）、-（负号）；
5. +（加法）、-（减法）、&；
6. sll、sla、srl、sra、rol、ror；
7. 关系运算符；
8. 逻辑运算中的 and、or、nand、nor、xor、xnor。

任务 2.6 顺序描述语句

在 VHDL 中，一个设计实体是通过结构体来实现其行为和结构，在结构体中则采用一些基本语句的组合描述。VHDL 语言是一种硬件描述语言，从执行顺序上划分，可以分为顺序描述语句（sequential statements）和并行描述语句（concurrent statements）。顺序描述语句是指执行语句时，语句的执行顺序是根据语句的书写顺序依次执行的，如 if 语句和 loop 循环语句等。并行描述语句是指执行语句时，语句的执行顺序与语句的书写顺序无关，所有语句是并行执行的，如进程语句（process）、块语句（block）和生成语句（generate）等。

VHDL 语句拥有和其他高级语言（如 C 语言）一样的顺序描述语句，特点是每一条语句的执行（指仿真执行）顺序与其书写顺序基本一致。只能出现在进程、过程、块和子程序中。在 VHDL 中顺序语句有以下几种：赋值语句（信号赋值语句和变量赋值语句）、if 语句、case 语句、loop 语句、next 语句、exit 语句、null 语句、wait 语句、子程序调用语句和返回语句等。

赋值语句是 VHDL 语言中进行系统行为描述的常用语句，包括信号赋值语句和变量赋值语句。其功能就是将一个值或一个表达式的运算结果传给某一个数据对象，主要用来实现 VHDL 对端口外部数据的读写以及设计实体内的数据传递。

1. 信号赋值语句

信号赋值语句的功能是将右边表达式的值（运算结果）赋予左边的目标信号，但语句两边的数据类型和位长必须相同。

信号赋值语句格式为：

```
目标信号<=表达式；
```

例如常用的与非和或非逻辑赋值如下。

```
temp0<=a nand b;        --与非
temp1<=c nor d;         --或非
```

【例 2-5】半加器的部分源程序。

```
…
entity bjq is
    port (a,b:in bit;              --实体部分定义了半加器的输入信号a, b
         s,c0:out bit);            --实体部分定义了半加器的输出信号s, c0
end bjq;
architecture half_adder of bjq is
signal c,d: bit;
begin
        c<=a or b;
        d<=a nand b;
```

```
            c0<=not d;
            s<=c and d;
    end half adder;
...
```

其中 a 和 b 是半加器的输入,输出 s 是半加器的和,c0 是加法后的进位,只有在 a 和 b 都是 1 的情况下 c0 才有输出。

补充知识

信号赋值语句"<="与关系运算符中的小于等于符号"<="相同,二者应按照程序的上下文进行区别。信号赋值语句具有全局特征,信号赋值语句不是立即发生的,它发生在一个进程结束时,信号赋值存在延时,这正反映了硬件系统的某些重要特性,如一根传输导线等,当信号赋值语句在进程或子程序中时,它是顺序执行,在进程之外是并发执行。

2. 变量赋值语句

变量赋值语句的功能是将右边表达式的值赋给左边的目标变量,语句两边的数据类型必须相同,在 VHDL 程序中,目标变量的数据类型、范围和初始值都应该先给出,右边表达式可以是变量和信号字符。变量赋值语句具有局部特征。只能应用在进程或子程序中。

变量赋值语句的格式为:

    目标变量:=表达式;

例如:

    temp0=a;
    emp1=c/5;

与信号赋值语句的延时特性相比,变量赋值是立即发生的,是一种时延为零的赋值。

核心提示

因为信号赋值发生在进程结束时,为变量赋值时,变量值会立即改变,直到被赋予新的值,在同一进程中多次为一个信号赋值,只有最后一个赋予的值才会起作用。

任务 2.7　变量赋值语句和信号赋值语句

2.7.1　if 语句

VHDL 语句中的 if 语句和其他高级语言中的 if 语句一样,是选择分支语句,if 语句只能用在进程当中,其语句有三种形式。

1. 单 if 语句

单 if 语句格式为:

    if 条件 then
        顺序处理语句;
    end if;

执行单if语句时,当条件满足(条件成立)时,执行中间顺序处理语句,当条件不满足(条件不成立)时,程序跳出单if语句,执行if后继语句。

【例2-6】 四选一数据选择器的VHDL语言描述。

```
library ieee;
use ieee.std_logic_1164.all;
use ieee.std_logic_arith.all;
use ieee.std_logic_unsigned.all;
entity mux4 is
port (a,b,c,d:in std_logic_vector (3 downto 0);
      s:in std_logic_vector (1 downto 0);
      x:out std_logic_vector (3 downto 0));
end mux4;
architecture behave of mux4 is
begin
   mux4:process (a,b,c,d)
begin
   if s="00" then              --第3种if语句,实现多选1功能
     x<=a;
   elsif s="01" then
     x<=b;
   elsif s="10" then
     x<=c;
   else
     x<=d;
   end if;
end process mux4;
end behave;
```

2. 二路选择if语句

二路选择if语句格式为:

```
if 条件 then
     顺序处理语句1;
else
     顺序处理语句2;
end if;
```

程序执行二路选择if语句时,如果条件成立,程序执行顺序处理语句1,条件不成立,程序执行顺序处理语句2,该语句常常用来描述具有两个分支控制的逻辑功能电路。

【例2-7】 三态门的VHDL语言描述。

```
library ieee;
use ieee.std_logic_1164.all;
use ieee.std_logic_arith.all;
use ieee.std_logic_unsigned.all;
entity tristate_gate is
port (en,din:in std_logic;
     dout:out std_logic);
```

```
end mux4;
architecture rtl of tristate_gate is
  begin
    process (din,en)
        begin
          if (en='1') then dout<=din;
              else dout<='z';
          end if;
        end process;
    end rtl;
```

3. 多路选择 if 语句

多路选择 if 语句格式为:

```
if 条件1 then
        顺序处理语句1;
elsif 条件2 then
        顺序处理语句2;
        ...
elsif 条件n then
        顺序处理语句n;
else
        顺序处理语句n+1;
end if;
```

多路选择 if 语句包含多个条件和多个顺序处理语句,多路选择 if 语句从上往下判断,当条件 1 成立时,执行顺序处理语句 1;当条件 2 成立时,执行顺序处理语句 2;以此类推,当条件 n 成立时,执行顺序处理语句 n;当 n 个条件都不满足时,执行顺序处理语句 n+1。这种多路选择 if 语句应用的经典逻辑电路就是多选一数据选择器电路。下面例举一个常用四选一数据选择器的部分 VHDL 源程序。

【例 2-8】四选一数据选择器的 VHDL 语言描述。

```
library ieee;
use ieee.std_logic_1164.all;
use ieee.std_logic_arith.all;
use ieee.std_logic_unsigned.all;
entity mux4 is
port(input:in std_logic_vector (3 downto 0);
     sel:in std_logic_vector (1 downto 0);
     y:out std_logic);
end mux4;
architecture rtl of mux4 is
    begin
      process (input,sel)
          be0067in
            if(sel="00")  then
                y<=input(0);
              elsif (sel="01")   then
```

```
                    y<=input(1);
            elsif (sel="10") then
                    y<=input(2);
            elsif (sel="11") then
                    y<=input(3);
                end if;
        end process;
end rtl;
```

4. if 语句的嵌套结构

if 语句可以进行多层嵌套，但嵌套层数不宜过多。

if 语句嵌套结构的完整格式为：

```
if 外部条件 then
    if 内部条件1 then
            顺序处理语句1;
        end if;
    else
        if 内部条件2 then
            顺序处理语句2;
        end if;
    end if;
```

if 语句的嵌套主要解决具有复杂控制功能的逻辑电路描述问题。

2.7.2 case 语句

case 语句是一种分支控制语句，

case 语句格式为：

```
case 控制表达式 is
     when 选择值1=>顺序处理语句1;
     when 选择值2=>顺序处理语句2;
     …
     when 选择值n=>顺序处理语句n;
end case;
```

该语句表示先计算控制表达式的值，判断其值与哪个选择值相等，就执行相应选择值后面的顺序处理语句。when 语句之间是并列关系，when 后面的选择值在同一时刻只能有一个为真。

case 语句中选择值可以有如下几种形式：

（1）when 值 =>顺序处理语句。
（2）when 值 1/值 2/…/值 n =>顺序处理语句（用于多个值相或）。
（3）when 小值 to 大值 =>顺序处理语句（用于一个连续的整数范围）。
（4）when 大值 downto 小值 =>顺序处理语句（用于一个连续的整数范围）。
（5）when others =>顺序处理语句（用于其他所有的默认值）。

【例 2-9】 四选一数据选择器的部分 VHDL 源程序。

```vhdl
library ieee;
use ieee.std_logic_1164.all;
use ieee.std_logic_arith.all;
use ieee.std_logic_unsigned.all;
entity mux4 is
port(a0,a1,a2,a3:in std_logic;
     s:in std_logic_vector(1 downto 0);
     y:out std_logic);
end mux4;
architecture rtl of mux4 is
    begin
      process(s,a0,a1,a2,a3)
        begin
          case s is
            when"00"=>y<=a0;
            when"01"=>y<=a1;
            when"10"=>y<=a2;
            when others=>y<=a3;
          end case;
        end process;
end rtl;
```

2.7.3 loop 语句

loop 语句称为循环语句，用于实现重复操作。它有两种形式：一种是 for 模式，另一种是 while 模式。

1. for loop 语句

for loop 语句格式为：

```
[标号：] for 循环变量 in 循环次数范围 loop
         顺序处理语句；
end loop[标号];
```

其中各选项说明如下：

（1）标号：表示 loop 语句的唯一标识符，中括号标号是可选项。
（2）循环变量：循环变量不必事先说明，是一个局部的临时变量，不能被赋值。
（3）循环次数范围：循环次数范围有两种表达式"小值（初值）to 大值（终值）"和"大值（初值）downto 小值（终值）"，表示 loop 语句循环次数。
（4）顺序处理语句：顺序处理语句用来描述 loop 语句的具体功能，循环变量每变化一次就执行一次顺序语句。

for loop 语句的工作过程是循环变量从"初值"开始的，每执行一次顺序处理语句，循环变量的值就自动加 1（或减 1），直到循环变量的值超过终值，循环结束，程序执行 end loop 后面的语句。

【例 2-10】 设计奇偶校验器中奇校验，输入六位二进制数，当检测到数据中 1 的位数为奇数时，输出 q 为 1，否则为 0。

```vhdl
library ieee;
use ieee.std_logic_1164.all;
use ieee.std_logic_arith.all;
use ieee.std_logic_unsigned.all;
entity jjy is
   port (d:in std_logic_vector (5 downto 0);
                                            --输入d是六位二进制数
         y:out std_logic);
end jjy;
architecture bhv of jjy is
begin
   process (d)
   variable tmp: std_logic;             --定义临时变量tmp
   begin
     tmp:='0';
     for i in 5 downto 0 loop
       tmp:=tmp xor d(i);               --变量赋值语句是立即赋值
     end loop;
       y<=tmp;                          --结果输出
   end process;
   end bhv;
```

2. while loop 语句

while loop 语句是一种当型循环，循环次数为循环条件控制。
while loop 语句格式为：

```
[标号：] while 循环条件 loop
           顺序处理语句;
   end loop [标号];
```

while loop 工作过程是当判断循环条件成立时，进行一次循环，然后进行再次判断和循环，当判断循环条件不成立时立即结束循环。

【例 2-11】 六位奇偶校验源程序。

```vhdl
library ieee;
use ieee.std_logic_1164.all;
use ieee.std_logic_arith.all;
use ieee.std_logic_unsigned.all;
entity jjy is
   port (d:in std_logic_vector (5 downto 0);
         y:out std_logic
ynot:out std_logic);
end jjy;
architecture bhv of jjy is
begin
```

```
    process (d)
      variable tmp:std_logic;
      variable a:integer;
    begin
      tmp:='0';
       a:=0;
 while (a<5) loop
    tmp:=tmp xor d(i);
       a:=a+1;
  end loop;
              y<=tmp;
    ynot<= not tmp;
   end process;
end bhv;
```

2.7.4 next 和 exit 跳出循环语句

1. next 语句

next 语句为跳出本次循环语句，用来在 for loop 和 while loop 循环语句中跳出本次循环，去执行下次循环并重新开始，它只用在 loop 语句的内部进行有条件或无条件的转向控制。

next 语句格式为：

```
next [循环标号] [while条件表达式];
```

其中各选项说明如下：
（1）循环标号：循环标号用来表示结束本次循环后下一次循环的起始位置。
（2）条件表达式：条件表达式是跳出本次循环的条件。

循环标号和条件表达式都是可选项，当二者省略时，next 语句表示立即无条件跳出本次循环，并从 loop 语句的起始位置重新开始循环；当只有循环标号而无条件表达式时，next 语句表示立即无条件跳出本次循环，从标号指定的位置开始执行程序；当只有条件表达式而无标号时，next 语句根据条件表达式是否成立来判断跳出循环，条件表达式成立（为真）则跳出本次循环，条件表达式不成立（为假）则继续执行本次循环。

【例 2-12】采用外部信号控制 6 位奇偶校验电路源程序。

```
library ieee;
use ieee.std_logic_1164.all;
use ieee.std_logic_arith.all;
use ieee.std_logic_unsigned.all;
entity jjy is
port (d:in std_logic_vector(5 downto 0);--输入d是六位二进制数
      control:in std_locic;
y:out std_logic;
ynot:out std_logic);
end jjy;
architecture bhv of jjy is
```

```
begin
    process (d,control)
    variable tmp:std logic;
      begin
        tmp:='0';
        for i in 5 downto 0 loop
          next when control='0';    --外部信号ccontrol为逻辑低电平
   tmp:=tmp xor d(i);
          wait for 200ms;           --程序等待200ms
        end loop;
        y<=tmp;
        ynot<=tmp;
   end process;
end bhv;                           --当control='0'时,跳出循环
```

2. exit 语句

exit 语句其只用在 loop 语句内部的循环控制语句，exit 语句作用是跳出循环，即提前结束 loop 语句循环，接着执行循环后面的语句。当程序需要处理保护、出错状态和警告等情况时，该语句就是一种非常快捷的手段。

exit 语句的格式为：

```
exit [循环标号][when条件表达式];
```

循环标号和条件表达式都是可选项。当二者省略时，则 exit 语句表示立即无条件跳出循环，不再执行此循环体；当只有循环标号而无条件表达式时，exit 语句表示立即退出循环体，并从循环体标号指定的开始执行程序；当只有条件表达式而无循环标号时，exit 语句根据条件表达式是否成立来判断退出循环，条件表达式成立则立即退出循环，条件表达式不成立则继续执行循环。

【例 2-13】 已知正方形边长求面积，当面积大于 150 时跳出循环的部分源程序。

```
...
architecture behave s of s is
begin
    process (clk)
    variable area tmp:real:=1.0;
      begin
        for i in 0 to 20 loop
   area_tmp:=real(i) * real(i);        --数据类型转换
          if integer (area_tmp) >150 then
            exit;                          --当条件成立则提前退出循环
        end if;
     end loop;
    end process;
end bhv;
...
```

2.7.5 null 语句

在 VHDL 语句中，null 语句表示空操作，当程序执行到 null 语句时不进行任何操作，而是使程序执行下一条语句，null 语句可以为对应的信号值赋一个空值，也常用在 case 语句中，利用 null 来表示 case 语句中不需要条件选择值的顺序处理语句，从而满足 case 语句中列举全部条件选择值的要求。

【例 2-14】 null 语句的典型应用。

```
library ieee;
use ieee.std_logic_1164.all;
use ieee.std_logic_arith.all;
use ieee.std_logic_unsigned.all;
entity and_2 is
port (a,b  :in std_logic;
      y:out std_logic);
end and_2;
architecture behave of and_2 is
  begin
   process (a,b)
     variable tmp:std_logic_vector(1 downto 0);
     begin
       tmp:=a & b;
         case tmp is
             when "00"=>d<='1';
             when "01"=>d<='1';
             when "10"=>d<='1';
             when "11"=>d<='1';
             when others=> null;
         end case;
     end process;
         d<=tmp;
end behave;
```

2.7.6 wait 语句

等待（wait）语句只用于进程（或过程）内部，执行程序遇到 wait 时，程序将被挂起，直到满足此语句设置的结束挂起条件后，将重新开始执行程序。

wait 语句的一般格式为：

    wait [on信号表][until条件表达式][for时间表达式];

根据 wait 语句中的可选项，wait 语句有 4 种格式：

（1）wait：无限等待，一般不用。

（2）wait on 信号表：该语句是敏感信号等待语句，当敏感信号表中的任一个信号发生变化时，才会进入到执行状态，激活运行程序。

（3）wait until 条件表达式：条件表达式成立时，激活运行程序。

(4) wait for 时间表达式：一段时间到，运行程序继续进行。

对于多条件 wait 语句，条件必须同时满足，进程（或过程）才会由等待状态转到工作状态，去执行等待语句后的下一条语句；如果多个条件中有一个条件不满足，那么程序将处于等待状态。

【例 2-15】wait 语句应用实例。

```
process
begin
    wait a,b,c;
    y<=a and b and c;
end process
```

表示当 a、b 或 c 信号中任一信号发生变化时，就结束等待状态，执行此语句的下一条语句，否则就处于等待状态。

2.7.7 assert 语句

assert 语句为断言语句，主要功能是在程序仿真或者调试中进行人机对话，report 像 C 语言中的 print 语句，可以输出一个文字串警告和错误信息输出，文字串应用双引号括起来。

assert 语句和 report 语句格式为：

```
assert <条件表达式>
[report 输出信息]
[severity 出错级别];
```

severity 后面的出错级别主要分为 4 个级别：note（注意）、warning（警告）、error（错误）和 failure（失败）。

当程序执行到该语句时，首先要对条件表达式是否成立进行判断，如果成立则程序跳出断言语句部分，执行后继的下一条语句；如果不成立则程序执行断言语句中的输出信息操作，输出错误信息和错误严重程度的级别。

【例 2-16】assert 语句应用实例。

```
…
architecture rtl of s is
    begin
        assert (a>b)
            report "the judgement is:a<=b."
            severity note;
        q<=a;
end rtl;
…
```

2.7.8 子程序调用语句

子程序调用语句。其存在形式为过程和函数的子程序，子程序调用可分为过程调用语句和函数调用语句，像其他高级语言一样，调用过程调用语句执行过程体，调用函数调用语执行函数体。

过程调用语句的格式：

```
过程名 [（实参表）];
函数调用语句的格式：
函数名 [（实参表）];
```

2.7.9 return 语句

子程序返回语句。return 语句（子程序返回语句）和 C 语言中的 return 语句类似。作用是结束一段子程序并返回主程序，它只能用于函数和过程体内。

过程返回语句的格式：

```
return;
函数返回语句的格式：
return 表达式;
```

任务 2.8 并行描述语句

在一般的计算机语言中，大多数语言（如 C 语言）都是顺序执行的，但 VHDL 语言设计的电路具有和实际电路系统一样的特性：几乎所有的操作都是并发执行的，即一旦事件触发，操作就会同时立即执行。因此，VHDL 语言必须提供能并行工作的描述语句。在 VHDL 中，并行语句有多种语句格式，这些并行语句在系统中是同时执行的，它们在语句中的书写顺序不会影响执行的先后。在系统执行过程中，并行语句之间可以相互影响或相互独立。下面介绍几种常见的并行语句。

2.8.1 并行信号赋值语句

1. 简单并行信号赋值语句

简单并行信号赋值语句是最基本的并行语句，它与前面介绍的信号赋值语句的语法结构是完全一样的，主要应用在结构体中进程和子程序之外。结构体中的多条并行信号赋值语句是并行执行的，与书写顺序前后无关。

并行信号赋值语句的主要格式为：

```
目标信号<=表达式;
目标信号<=表达式 after 延迟时间;
```

【例 2-17】简单并行信号赋值语句。下面结构体中的 3 条信号赋值语句的执行是并发执行的。

```
…
architecture  rtl of abc is
signal a,b,c,d,e:std_logic;
begin
        output1<=a and b;
```

```
        e<=b+c;
        d<=e;
end rtl;
...
```

2. 条件并行信号赋值语句

条件并行信号赋值语句是信号名的值,可以根据条件的不同而赋值不同,其格式如下:

```
目标信号<=表达式1 when 条件1 else
        表达式2 when 条件2 else
        ...
        表达式n when 条件n else
        表达式n+1;
```

条件并行信号赋值语句一般用户较难掌握,进行设计时首先考虑进程语句、if 语句和 case 语句。

【例 2-18】四选一数据选择器电路 VHDL 语言描述。

```
library ieee;
use ieee.std_logic_1164.all;
entity sxy is
        port (s1,s0,a,b,c,d:in std_logic;
              y:out std_logic );
end sxy;
architecture bhv of sxy is
    signal s:std_logic_vector (1 downto 0);
  begin
    s<=s0 & s1;
    y<=a when s="00"else
       b when s="01"else
       c when s="10"else
       d when s="11"else
       'x';
end bhv;
```

信号赋值语句是一个类似 case 语句功能的分支控制型并行语句,可应用在进程之外(case 语句用在进程和子程序内),该语句首先对选择条件表达式进行处理判断,根据其值符合哪个选择条件,就将该条件前面的表达式赋值给目标信号。其格式为:

```
with 选择条件表达式 select
目标信号<= 表达式1 when 选择条件1,
         表达式2 when 选择条件2,
         ...
         表达式n when 选择条件n;
```

【例 2-19】四选一数据选择器电路的源程序。

```
library ieee;
use ieee.std_logic_1164.all;
```

```
use ieee.std_logic_arith.all;
use ieee.std_logic_unsigned.all;
entity sxy is
      port (s1,s0,a,b,c,d:in std_logic;
            y:out std_logic );
end sxy;
architecture rtl of sxy is
    signal s: std_logic_vector (1 downto 0);
  begin
      s<=s0 & s1;
    with s select
       y<=a when "00",
          b when "01",
          c when "10",
          d when "11",
         'X' when others;
end rtl;
```

2.8.2 进程语句

进程（process）语句。在 VHDL 中，进程语句是使用非常频繁、应用非常广泛的最基本并行语句，主要描述硬件电路系统的并发行为。在进行较大电路系统设计时，通常将一个系统划分为多个模块，并对各个模块分别进行 VHDL 设计，这些模块的功能是并发的，即进程语句是在结构体中用来描述特定电路功能的程序模块，一个结构体中可以包含多个进程语句设计，各个进程语句是并行执行的，进程之间可以通过信号量进行相互通信。但每一个进程语句内部的各个语句是顺序执行的，即进程语句同时具有并行描述语句和顺序描述语句的特点。

进程语句的语法结构格式为：

```
[进程名称:] process  [信号量1，信号量2,…]   [is]
           [进程说明区]--说明用于该进程的常数，变量和子程序
              begin
                  变量和信号赋值语句；
                  顺序语句；
end process  [进程名称];
```

【例 2-20】四位十进制计数器的 VHDL 语言描述。

```
library ieee;
use ieee.std_logic_1164.all;
use ieee.std_logic_arith.all;
use ieee.std_logic_unsigned.all;
entity ssjsq is
       port (rd,clk,en:in std_logic;
             q:out std_logic_vector (3 downto 0));
end ssjsq;
architecture rtl of ssjsq is
signal y:std_logic_vector (3 downto 0);
```

```
    begin
        q<=y;
    process (clk, rd)
        begin
            if rd='0' then
                y<= "0000";
            elsif clk'event and clk='1' then
                if en='1' then
                    if y="1111" then
                        y<= "0000";
                    else
                        y <= y+1;
                    end if;
                end if;
            end if;
    end process;
    end rtl;
```

在敏感信号表中，信号 clk、rd 都是敏感信号，当两个信号其中一个发生变化时，进程就执行。

2.8.3 元件例化语句

元件定义语句和端口映射语句。在一个较大的电路系统中，经常用到芯片，电路系统板上的芯片就相当于 VHDL 中的元件。将预先设计好的设计实体定义为一个元件，然后利用特定的语句将本元件与当前的设计实体相关的端口或信号进行连接，相关的端口或信号相当于电路系统板的插座。在 VHDL 程序设计中，把设计好的程序定义为一个元件。这些元件设计好后保存在当前工作目录中，其他设计体可以通过端口映射的处理来调用这些元件。元件定义语句和端口映射语句就是在某个结构体中定义元件和实现元件调用的两条语句，端口映射语句也称为元件例化语句，元件定义语句可在 architecture、package 和 block 语句的说明部分使用，指出要调用的是元件库中的哪一个已定义的逻辑描述模块。端口映射语句是把库中已设计的元件端口信号映射成高层次设计电路（如对应实际的电路系统板）的信号，各个元件之间、各个模块之间的信号连接关系就是用端口映射语句来描述。两种语句的格式如下：

1. 元件定义语句（component）

其格式如下所示：

```
component 元件名称 is        --元件定义语句
    generic (类属表);        --对元件的参数进行说明
    port (端口名表);         --元件端口说明与该元件源程序实体中的port部分相同，描述该元件
                             输入和输出端口
end component 元件名称;
```

2. 端口映射语句（port map）

其格式如下所示:

```
标号名：元件名称 port map（信号1，信号2，… 信号n）；
```

语句中的 port map 是端口映射的意思，表示元件端口与结构体之间交换数据的方式（元件调用时要进行数据交换）。端口映射有两种方法：端口位置映射和端口名称映射两种映射方式。位置映射是指被调用元件端口说明中信号的书写顺序及位置和 port map 语句中实际信号的书写顺序及位置一一对应。名称映射是指将库中已有的模块的端口名称赋予设计中的信号名。

2.8.4 生成语句

在一个电路系统中，经常会看到重复的电路设计，为了提高 VHDL 的简洁性，VHDL 设计中采用生成语句来处理重复电路。生成语句是一种循环语句，具有复制电路的功能，利用生成语句能复制一组完全相同的并行元件或设计单元电路结构，避免多段相同结构的重复书写，以简化设计。生成语句有 for 工作模式和 if 工作模式两种。

（1）for 工作模式的生成语句。其格式如下所示。

```
[生成标号：] for 循环变量 in 取值范围 generate
        并行处理语句；
end generate [生成标号]；
```

for 工作模式常常用来进行一些有规律的重复结构描述。其循环变量是一个局部变量，取值范围可以选择递增（表达式 to 表达式）和递减（表达式 downto 表达式）两种形式。

（2）if 工作模式的生成语句。其格式如下所示。

```
[生成标号：] if 条件 generate
        并行处理语句；
end generate [生成标号]；
```

if 工作模式的生成语句常用来描述带有条件选择的结构。条件选择的结构主要指例外情况的结构。该语句中只有 if 条件为 ture（真）时，才执行结构体内部的并行处理语句，否则不执行该语句。

由于两种工作模式各有特点，因此在实际的硬件数字电路设计中，两种工作模式常常可以同时使用。

2.8.5 块语句

块（block）语句。在进行实际电路设计时，常常将一个电路系统分解成若干个子模块，每一个模块可以是一个具体的电路图（如常见的电源模块）。在进行 VHDL 设计时，一个设计实例的结构体相当于电路系统，block 语句就相当于子模块。块语句是一种并行语句的组合方式，可以使程序更加有层次、更加清晰。

块语句的格式如下：

```
块标号：block[（块保护表达式）]
    说明语句；
begin
```

```
        并行描述语句;
    end block [块标号];
```

任务 2.9　子程序

子程序（subprogram）。通过 VHDL 设计一个结构比较复杂、功能比较丰富的电子电路系统，可以采用多进程子结构方式或者多块子结构方式，也可以采用多个子程序子结构方式。子程序的含义和其他高级语言的子程序概念相似，是指在主程序调用它以后能将处理结果返回主程序的程序模块，它可以重复调用。子程序有两种类型：过程（procedure）和函数（function）。其中"过程"和"函数"和其他高级语言中的子程序和函数类似。子程序必须在包集合（package）中先定义然后才能调用，在调用前还必须重新初始化，因此子程序内部的值不能保持，当子程序返回后才能被再次调用。

2.9.1　过程

过程（procedure）语句。在 VHDL 中，过程语句构成的子程序结构的书写格式如下：

```
procedure 过程名（参数1;参数2;…参数n）is
[定义语句];                    --定义变量等
begin
    …
    顺序处理语句;              --过程的语句
    …
end [procedure][过程名];
```

在 procedure 中，过程语句中的语句是顺序执行的，调用者在调用过程前先将初始值传递给过程的输入参数，然后过程语句启动，按顺序自上而下执行过程结构中的语句，执行结束，将输出值复制到调用者的输出和双向定义的变量或信号中。

【例 2-21】在程序包中定义和调用的部分 VHDL 源程序。

```
library ieee;
use ieee.std_logic_1164.all;
use ieee.std_logic_arith.all;
use ieee.std_logic_unsigned.all;
package page is
procedure jfq(
d1   :in integer range 0 to 31;
d2   :in integer range 0 to 31;
dout: out integer range 0 to 31) is
begin
…
```

2.9.2　函数

在 VHDL 中，函数语句（function）构成的子程序结构的书写格式如下：

```
function 函数名（参数1;参数2;...参数n）  return 数据类型 is
    [定义语句];
    begin
    …
    顺序处理语句;
    …
    return [返回变量名];
end [function] [函数名];
```

函数名一般都以函数语句的功能来表示。如果没有特别的说明，参数列表都按常数处理。

【例 2-22】 在结构体中定义和调用函数的部分 VHDL 源程序。

```
library ieee ;
use ieee.std_logic_1164.all ;
entity function1 is
port (a,b,c :in bit;
      d,e,f :in bit;
      set   :in bit;
      dataout  :out bit_vector (2 downto 0) );
end function1;
architecture q of function1 is
function max (i:bit_vector (2 downto 0);
              k:bit_vector (2 downto 0) )
return bit_vector is
      varibele tmp:bit_vector (2 downto 0);
      begin
      if (i>k) then
tmp:=j;
      else
          tmp:=k;
      end if;
return tmp;
end max;
…
```

◎ 项目小结

本项目重点介绍了 VHDL 语言的基本结构和语法、数据类型和 VHDL 语言的常用语句。详细介绍了包括 VHDL 文字规则、数据类型、数据对象、操作符、子程序和 VHDL 库等基本知识。本项目的另一重点内容是 VHDL 的顺序语句和并行语句的基本语法规则及应用以及 VHDL 语言在 EDA 工程中的地位和作用。

◎ 项目练习

1. 填空题

（1）一般将一个完整的 VHDL 程序称为_____。

（2）VHDL 设计实体的基本结构由_____、_____、_____、_____和_____组成。

（3）_____和_____是设计实体的基本组成部分，它们可以构成最基本的 VHDL 程序。

（4）根据 VHDL 语法规则，在 VHDL 程序中使用的文字、数据对象、数据类型都需要_____。

（5）在 VHDL 中最常用的库是_____标准库，最常用的数据包是_____数据包。

（6）VHDL 的实体由_____部分和_____组成。

（7）VHDL 的实体声明部分指定了设计单元的_____或_____，它是设计实体对外的一个通信界面，是外界可以看到的部分。

（8）VHDL 的结构体用来描述实体的_____和_____，它由 VHDL 语句构成，是外界看不到的部分。

（9）在 VHDL 的端口声明语句中，端口方向包括_____、_____、_____和_____。

（10）VHDL 的标识符名必须以_____，后跟若干字母、数字或单个下划线构成，但最后不能为_____。

（11）VHDL 的数据对象包括_____、_____和_____，它们是用来存放各种类型数据的容器。

（12）为信号赋初值的符号是_____；程序中，为变量赋值的符号是_____；为信号赋值的符号是_____。

（13）VHDL 的数据类型包括_____、_____、_____和_____。

（14）在 VHDL 中，标准逻辑位数据有_____种逻辑值。

（15）VHDL 的操作符包括_____、_____、_____和_____四类。

2．选择题

（1）VHDL 常用的库是（　　）标准库。
　　A．IEEE　　　　　B．STD　　　　　C．WORK　　　　　D．PACKAGE

（2）VHDL 的实体声明部分用来指定设计单元的（　　）。
　　A．输入端口　　　B．输出端口　　　C．引脚　　　　　D．以上均可

（3）一个设计实体可以拥有一个或多个（　　）。
　　A．设计实体　　　B．结构体　　　　C．输入　　　　　D．输出

（4）在 VHDL 的端口声明语句中，用（　　）声明端口为输入方向。
　　A．IN　　　　　　B．OUT　　　　　C．INOUT　　　　 D．BUFFER

（5）在 VHDL 的端口声明语句中，用（　　）声明端口为输出方向。
　　A．IN　　　　　　B．OUT　　　　　C．INOUT　　　　 D．BUFFER

（6）在 VHDL 的端口声明语句中，用（　　）声明端口为双向方向。
　　A．IN　　　　　　B．OUT　　　　　C．INOUT　　　　 D．BUFFER

（7）在 VHDL 的端口声明语句中，用（　　）声明端口为具有读功能的输出方向。
　　A．IN　　　　　　B．OUT　　　　　C．INOUT　　　　 D．BUFFER

（8）在 VHDL 中用（　　）来把特定的结构体关联一个确定的实体，为一个大型系统的设计提供管理和进行工程组织。
　　A．输入　　　　　B．输出　　　　　C．综合　　　　　D．配置

（9）在 VHDL 中，45_234_278 属于（   ）文字。
　　A．整数　　　　　B．以数制基数表示的
　　C．实数　　　　　D．物理量
（10）在 VHDL 中，88_670.551_278 属于（   ）文字。
　　A．整数　　　　　B．以数制基数表示的
　　C．实数　　　　　D．物理量
（11）在 VHDL 中，16#FE# 属于（   ）文字。
　　A．整数　　　　　B．以数制基数表示的
　　C．实数　　　　　D．物理量
（12）在 VHDL 中，可以用（   ）表示数据或地址总线的名称。
　　A．下标名　　　　B．段名　　　　C．总线名　　　　D．字符串
（13）在下列标识符中，（   ）是 VHDL 合法的标识符。
　　A．4h_adde　　　B．h_adde_　　　C．h_adder　　　D．_h_adde
（14）在下列标识符中，（   ）是 VHDL 错误的标识符。
　　A．4h_adde　　　B．h_adde4　　　C．h_adder_4　　　D．h_adde
（15）在 VHDL 中，（   ）不能将信息带出对它定义的当前设计单元。
　　A．信号　　　　　B．常量　　　　C．数据　　　　D．变量
（16）在 VHDL 中，（   ）的数据传输是立即发生的，不存在任何延时的行为。
　　A．信号　　　　　B．常量　　　　C．数据　　　　D．变量
（17）在 VHDL 中，（   ）的数据传输是不是立即发生的，目标信号的赋值需要一定的延时时间。
　　A．信号　　　　　B．常量　　　　C．数据　　　　D．变量
（18）在 VHDL 中，为目标变量赋值的符号是（   ）。
　　A．=:　　　　　　B．=　　　　　　C．:=　　　　　　D．<=
（19）在 VHDL 中，为目标信号赋值的符号是（   ）。
　　A．=:　　　　　　B．=　　　　　　C．:=　　　　　　D．<=
（20）在 VHDL 中，定义信号名时，可以用（   ）符号为信号赋初值。
　　A．=:　　　　　　B．=　　　　　　C．:=　　　　　　D．<=

3．简答题

（1）在 VHDL 中，有几类基本操作符，具体都是什么？
（2）process 语句的表达格式是什么？进程语句有什么特点？
（3）信号与变量是 VHDL 语言中最常用的数据类型，那么两者的区别有哪些？
（4）case 语句是 VHDL 语言中常用的一种语句，其结构是什么？使用时需要注意哪几点？
（5）VHDL 语言中，并行语句有多种语句格式，举出 5 个。
（6）process 语句中的顺序描述语句，可分为几种，举出 5 个。
（7）请举例说明 VHDL 的 6 类基本顺序语句，举出 5 个即可。
（8）什么叫对象？对象有哪几个类型？
（9）在实体说明中，IEEE 1076 定义了几种常用的端口模式，具体都是什么？

（10）请举例说明 VHDL 允许用户定义的新的数据类型（5 个即可）。

附表：项目训练评定表

项目训练评价单	任 务 名 称 （ ）电路 VHDL 设计		姓　名	学　号
检查人	检查开始时间	检查结束时间	评价开始时间	评价结束时间
评 分 内 容	标准分值	自我评价（20%）	小组评价（30%）	教师评价（50%）
1. 创建项目工程文件和 VHDL 文件	10			
2. VHDL 语言输入	20			
3. 指定器件型号、引脚锁定	20			
4. 保存、编译文件	14			
5. 生成波形文件并仿真	20			
6. 编程下载与配置	16			
总分（满分 100 分）：				
教师评语：				
被检查人签名	日期	组长签名	日期	教师签名	日期

※评定等级分为优秀（90 分以上）、良好（80 分以上）、及格（60 分以上）、不及格（60 分以下）。

项目 3　组合逻辑电路设计

◎ **项目剖析**

组合逻辑电路在任何时刻的输出仅决定于当时的输入信号。传统的设计方法中,基本组合逻辑电路由普通逻辑门或者专用芯片来完成,对于规模较大的数字电路设计来说既花费时间又浪费资源。采用 VHDL 语言可以从行为、功能上对器件进行描述,从而大大简化设计。本项目主要介绍逻辑门电路、运算电路、编码器、译码器、数据选择器、数据比较器、三态门、缓冲器及七段 LED 数码管扫描显示电路的 VHDL 描述。

◎ **技能目标**

通过本项目的学习,应达到以下技能目标:
(1)掌握 VHDL 程序的基本结构和设计方法。
(2)学会使用 VHDL 设计电路的具体步骤和方法。
(3)根据组合逻辑电路的真值表能够用 VHDL 语言写出相应的程序。

任务 3.1　逻辑门电路的 VHDL 设计

本项目把项目 2 中介绍的 VHDL 语言的语法、语句、程序结构等内容与电子电路设计应用结合起来,介绍组合逻辑电路的设计,使用户能够由浅入深地理解并掌握数字逻辑电路设计的方法和操作过程。

在 VHDL 语言中,通常由与非门、或非门、反相器、异或门、同或门等逻辑门电路组织成基本元件的形式,用户在设计时可以根据需要直接调用。这些基本元件存放在 MAX+plus II 软件安装目录下的 MAX+plus II /max2lib/prim 文件夹中,在此详细介绍这些基本元件的 VHDL 语言描述方法,其目的是为了进行复杂电路设计打下基础。

3.1.1　二输入与非门电路

二输入与非门电路符号如图 3-1 所示,其逻辑方程为 $Y = \overline{AB}$,在原理图设计输入方法中可以直接调用。使用文本输入方法设计二输入与非门电路时,先在项目工程中新建文本文件,再输入相应程序。使用 VHDL 语言描述二输入与非门时,可使用如下两种编程代码。

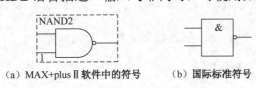

(a) MAX+plus II 软件中的符号　　(b) 国际标准符号

图 3-1　二输入与非门电路符号

二输入与非门的 VHDL 描述方法之一：

```vhdl
library ieee;
use ieee.std_logic_1164.all;
entity yfm2 is
 port (a,b:in std_logic;
       y:out std_logic);
end yfm2;
architecture one of yfm2 is
begin
     y<=a nand b;
end one;
```

二输入与非门的 VHDL 描述方法之二：

```vhdl
library ieee;
use ieee.std_logic_1164.all;
entity yfm22 is
port (a,b:in std_logic;
       y:out std_logic);
end yfm22;
architecture one of yfm22 is
begin
process (a,b)
     variable yfm:std_logic_vector(1 downto 0);
begin
yfm:=a&b;
case yfm is
when "00" =>y<='1';
when "01" =>y<='1';
when "10" =>y<='1';
when "11" =>y<='0';
when others=>null;
end case;
end process;
end one;
```

二输入与非门电路仿真波形如图 3-2 所示。

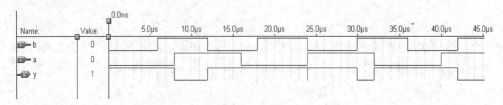

图 3-2 二输入与非门电路时序仿真

3.1.2 二输入或非门电路

二输入或非门电路符号如图 3-3 所示，其逻辑方程为 $Y = \overline{A+B}$，在原理图设计输入法中可以直接调用。使用文本输入方法设计二输入或非门电路时，先在项目工程中新建文本文件，在输入相应程序。使用 VHDL 语言描述二输入或非门时，可使用如下两种编程代码。

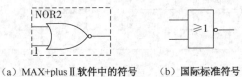

(a) MAX+plus II 软件中的符号　　(b) 国际标准符号

图 3-3　二输入或非门电路符号

二输入或非门的 VHDL 描述方法一：

```
library ieee;
use ieee.std_logic_1164.all;
entity nor2 is
port (a,b:in std_logic;
      y:out std_logic);
end nor2;
architecture one of nor2 is
begin
y<=a nor b;
end one;
```

二输入或非门的 VHDL 描述方法二：

```
library ieee;
use ieee.std_logic_1164.all;
entity nor222 is
port (a,b:in std_logic;
      y:out std_logic);
end nor222;
architecture one of nor222 is
begin
 process (a,b)
 variable hfm:std_logic_vector (1 downto 0);
 begin
    hfm:=a&b;
    case hfm is
        when"00"=>y<='1';
        when"01"=>y<='0';
        when"10"=>y<='0';
        when"11"=>y<='0';
        when others=>null;
    end case;
 end process;
end one;
```

二输入或非门电路仿真波形如图 3-4 所示。

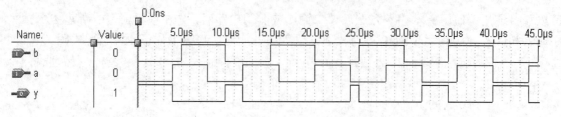

图 3-4 二输入或非门电路电路时序仿真

3.1.3 反相器电路

反相器（非门）电路符号如图 3-5 所示，其逻辑方程为 $Y = \overline{A}$，在原理图设计输入方法中可以直接调用。使用文本输入方法设计反相器电路时，先在项目工程中新建文本文件，再输入相应程序。使用 VHDL 语言描述反相器电路时，可使用如下两种编程代码。

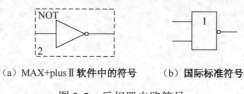

（a）MAX+plus Ⅱ 软件中的符号　　（b）**国际标准符号**

图 3-5 反相器电路符号

反相器电路的 VHDL 描述方法一：

```
library ieee;
use ieee.std_logic_1164.all;
entity not1 is
port (   a:in std_logic;
     y:out std_logic);
end entity not1;
architecture one of not1 is
begin
y<=not a;
end architecture one;
```

反相器电路的 VHDL 描述方法二：

```
library ieee;
use ieee.std_logic_1164.all;
entity not2 is
port (a:in std_logic;
   y:out std_logic);
end entity not2;
architecture one of not2 is
begin
process(a)
begin
  case a is
      when '0'=>y<='1';
      when '1'=>y<='0';
```

```
      when others=>null;
    end case;
  end process;
end architecture one;
```

反相器电路仿真波形如图 3-6 所示。

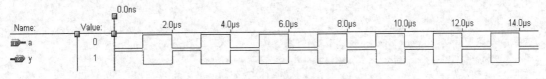

图 3-6 反相器电路时序仿真

3.1.4 二输入异或门电路

二输入异或门电路符号如图 3-7 所示，逻辑方程为 $Y = \overline{A+B}$，在原理图设计输入方法中可以直接调用。使用文本输入方式设计二输入异或门电路时，先在项目工程中新建文本文件，再输入相应程序。使用 VHDL 语言描述二输入异或门电路时，可使用如下两种编程代码。

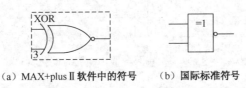

(a) MAX+plus Ⅱ 软件中的符号　　(b) 国际标准符号

图 3-7 二输入异或门电路符号

二输入异或门的 VHDL 描述方法一：

```
library ieee;
use ieee.std_logic_1164.all;
entity yh1 is
port(a,b:in std_logic;
     y:out std_logic);
end entity yh1;
architecture one of yh1 is
begin
  y<=a xor b;
end architecture one;
```

二输入异或门的 VHDL 描述方法二：

```
library ieee;
use ieee.std_logic_1164.all;
entity yh2 is
port(a,b:in std_logic;
     y:out std_logic);
end entity yh2;
architecture one of yh2 is
```

```
begin
 process(a,b)
 variable yhm:std_logic_vector(1 downto 0);
 begin
    yhm:=a&b;
       case yhm is
          when"00"=>y<='0';
          when"01"=>y<='1';
          when"10"=>y<='1';
          when"11"=>y<='1';
          when others=>null;
       end case;
 end process;
end architecture one;
```

二输入异或门电路仿真波形如图 3-8 所示。

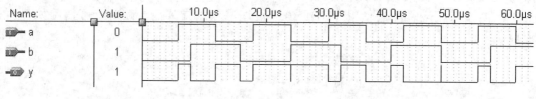

图 3-8　二输入异或门电路时序仿真

3.1.5　二输入同或门电路

二输入同或门（异或非门）电路符号如图 3-9 所示，其逻辑方程为 Y=A⊙B，在原理图设计输入方法中可以直接调用。使用文本输入方法设计二输入同或门电路时，先在项目工程中新建文本文件，在输入相应程序。使用 VHDL 语言描述二输入同或门时，可使用如下两种编程代码。

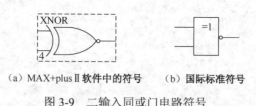

(a) MAX+plus Ⅱ 软件中的符号　　(b) 国际标准符号

图 3-9　二输入同或门电路符号

二输入同或门的 VHDL 描述方法一：

```
library ieee;
use ieee.std_logic_1164.all;
entity th1 is
port(a,b:in std_logic;
     y:out std_logic);
end entity th1;
architecture one of th1 is
begin
```

```
    y<=not(a xor b);
    end architecture one;
```

二输入同或门的 VHDL 描述方法二：

```
    library ieee;
    use ieee.std_logic_1164.all;
    entity th2 is
    port(a,b:in std_logic;
         y:out std_logic);
    end entity th2;
    architecture one of th2 is
    begin
     process(a,b)
     variable hfm:std_logic_vector(1 downto 0);
     begin
        hfm:=a&b;
        case hfm is
            when"00"=>y<='1';
            when"01"=>y<='0';
            when"10"=>y<='0';
            when"11"=>y<='1';
            when others=>null;
        end case;
     end process;
    end architecture one;
```

二输入同或门电路仿真波形如图 3-10 所示。

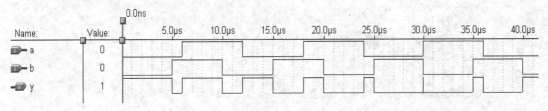

图 3-10　二输入同或门电路时序仿真

任务 3.2　运算电路设计

常用的运算电路主要有加法器、减法器和乘法器，主要完成多位二进制数的算术运算。下面以加法器和乘法器为例进行说明。

3.2.1　半加器的设计

半加器有两个二进制的输入端 a 和 b 以及一位和输出端 so、一位进位输出端 co。半加器的电路图如图 3-11 所示。半加器的真值表如表 3-1 所示。

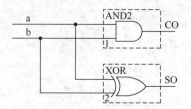

图 3-11 半加器电路图

表 3-1 半加器的真值表

a	b	so	co
0	0	0	0
0	1	1	0
1	0	1	0
1	1	0	1

半加器的 VHDL 描述如下：

```
library ieee;
use ieee.std_logic_1164.all;
use ieee.std_logic_arith.all;
use ieee.std_logic_unsigned.all;
entity halfadder is
port ( a,b: in   std_logic;
co,so: out  std_logic ) ;
end halfadder;
architecture behave of halfadder is
begin
    process (a,b)
      begin
          so<=a xor b;
       co<=a and b;
      end process;
end behave;
```

半加器电路时序仿真如图 3-12 所示。

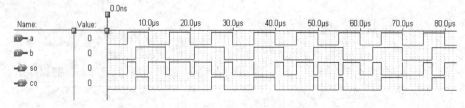

图 3-12 半加器电路时序仿真

3.2.2 全加器的设计

1. 原理图方式

采用原理图设计方法可以由两个半加器构成一个全加器。具体方法为：建立名为

f_adder 的工程，使用上面半加器代码新建文本输入文件，通过编译后执行"File"→"Create Default Symbol"命令，为半加器 VHDL 设计文件生成元件符号，然后新建原理图文件，在原理图中调用半加器与或门电路符号作相应电路连接。最终得到的全加器电路图如图 3-13 所示。

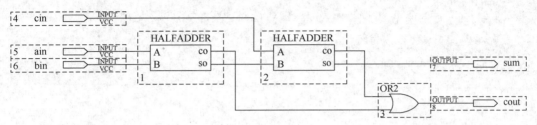

图 3-13 全加器电路图

2. VHDL 描述方式

基于半加器的描述，若采用 component 语句和 pot map 语句就很容易编写出描述全加器的程序。

（1）或门的 VHDL 描述。

```
library ieee;
use ieee.std_logic_1164.all;
use ieee.std_logic_arith.all;
use ieee.std_logic_unsigned.all;
entity or2a is
port (a,b:in std_logic;
c:out std_logic);
  end entity or2a;
architecture one of or2a is
begin
    c<=a or b;
end architecture one;
```

（2）全加器的 VHDL 描述。

```
library ieee;
use ieee.std_logic_1164.all;
use ieee.std_logic_arith.all;
use ieee.std_logic_unsigned.all;
entity f_adder is
 port (ain,bin,cin:in std_logic;
        co,sum:out std_logic);
end entity f_adder;
architecture rtl of f_adder is
    component halfadder
        port ( a,b: in  std_logic;
               co,so: out  std_logic);
    end component;
    component or2a
```

```
            port ( a,b: in   std_logic;
                  c: out  std_logic);
        end component;
        signal t0,t1,t2:std_logic;
   begin
        U1:halfadder port map (a=>ain,b=>bin,co=>t0,so=>t1);
        U2:halfadder port map (a=>t1,b=>cin,co=>t2,so=>sum);
   U3:or2a port map (a=>t0,b=>t2,c=>co);
        end rtl;
```

全加器电路时序仿真如图 3-14 所示。

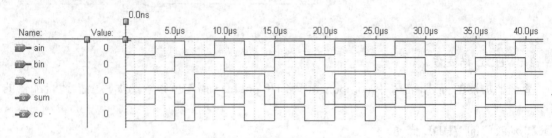

图 3-14　全加器电路时序仿真

3.2.3　乘法器的设计

1. 乘法器设计原理

乘法器可以对多位二进制数进行乘法运算，下面以三位乘法器为例进行说明。三位乘法器有 6 个输入端，可输入两个 3 位二进制数，对其进行乘法运算后，结果由 6 个输出端给出。三位乘法器元件符号如图 3-15 所示，其真值表如表 3-2 所示。

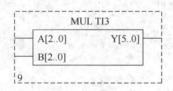

图 3-15　三位乘法器的元件符号

表 3-2　三位乘法器真值表

输　　　　入		输　　　　出
a[2..0]	b[2..0]	y[5..0]
a	b	a×b

三位乘法器应具备的引脚位：

输入端：a[2..0]、b[2..0]；

输出端：y5、y4、y3、y2、y1、y0。

2. 三位乘法器的 VHDL 描述

```
library ieee;
use ieee.std_logic_1164.all;
```

```
use ieee.std_logic_unsigned.all;
entity multi3 is
  port (a, b   : in  std_logic_vector (2 downto 0);
           y : out std_logic_vector (5 downto 0));
end multi3 ;
architecture a of multi3 is
  signal temp1 : std_logic_vector (2 downto 0);
  signal temp2 : std_logic_vector (3 downto 0);
  signal temp3 : std_logic_vector (4 downto 0);
begin
    temp1 <=  a when b(0)='1' else "000";
    temp2 <= (a & '0') when b(1)='1' else "0000";
    temp3 <= (a & "00") when b(2)='1' else "00000";
    y <= temp1+temp2+('0' & temp3);
end a;
```

三位乘法器时序仿真图如图 3-16 所示。

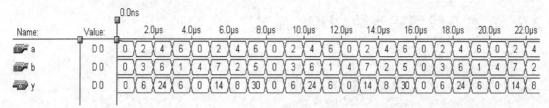

图 3-16　三位乘法器时序仿真图

任务 3.3　编码器的设计

3.3.1　编码器工作原理分析

在数字系统中，常常需要将某信息变换为某一特定的代码。把二进制码按一定的规律进行编排，使每组代码具有特定的含义，称为编码。具有编码功能的逻辑电路称为编码器。

编码器是将 2^N 个分立的信息代码以 N 个二进制码来表示。下面以如图 3-17 所示的 8 线-3 线编码器设计为例进行说明。

图 3-17　8 线-3 线编码器

8 线-3 线编码真值表如表 3-3 所示。

表 3-3　8 线-3 线编码真值表

输入								输出		
I_0	I_1	I_2	I_3	I_4	I_5	I_6	I_7	Y_2	Y_1	Y_0
0	0	0	0	0	0	0	1	0	0	0
0	0	0	0	0	0	1	0	0	0	1
0	0	0	0	0	1	0	0	0	1	0
0	0	0	0	1	0	0	0	0	1	1
0	0	0	1	0	0	0	0	1	0	0
0	0	1	0	0	0	0	0	1	0	1
0	1	0	0	0	0	0	0	1	1	0
1	0	0	0	0	0	0	0	1	1	1

3.3.2　8 线-3 线编码器的 VHDL 描述

```
library ieee;
use ieee.std_logic_1164.all;
use ieee.std_logic_arith.all;
entity encoder8_3 is
port (i: in  std_logic_vector (7 downto 0);
   y: out std_logic_vector (2 downto 0));
end encoder8_3;
architecture one of encoder8_3 is
begin
     process (i)
 begin
     case i is
         when "00000001"=>y<="000";
         when "00000010"=>y<="001";
         when "00000100"=>y<="010";
         when "00001000"=>y<="011";
         when "00010000"=>y<="100";
         when "00100000"=>y<="101";
         when "01001000"=>y<="110";
         when "10000000"=>y<="111";
         when others=>y<="000";
     end case;
  end process;
end one;
```

8 线-3 线编码器时序仿真图如图 3-18 所示。

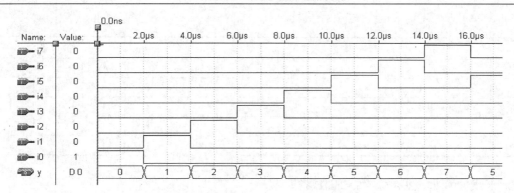

图 3-18　8 线-3 线编码器时序仿真图

3.3.3　8 线-3 线优先编码器的设计

1. 8 线-3 线优先编码器原理分析

在 8 线-3 线优先编码器（Priority Encoder）电路中，允许同时输入两个以上的编码信号。不过在设计优先编码器时已经将所有的输入信号按优先顺序排了队，当几个输入信号同时出现时，只对其中优先权最高的一个进行编码。

令 8 线-3 线优先编码器输入信号为 I_0、I_1、I_2、I_3、I_4、I_5、I_6 和 I_7，输出信号为 A_2、A_1、A_0。输入信号中 I_0 的优先级别最低，以此类推，I_7 的优先级别最高。也就是说若 I_7 输入为 1（即为高电平）则无论后续的输入信号怎么样，对应的这种状态一样，如若 I_7 输入为 0（即为低电平）则由优先级仅次于 I_7 的 I_6 状态决定，以此类推。因为 I_0 到 I_7 共 8 中状态，可以用 3 位二进制编码来表示。例如，I_7 为 1 对应输出的二进制编码 111。8 线-3 线优先编码器功能表如表 3-4 所示，其实现电路图如图 3-19 所示。

图 3-19　8 线-3 线优先编码器

表 3-4　8 线-3 线优先编码器的功能表

输　　入										输　　出		
EI	I_0	I_1	I_2	I_3	I_4	I_5	I_6	I_7	A_2	A_1	A_0
1	×	×	×	×	×	×	×	×	1	1	1
0	1	1	1	1	1	1	1	1	1	1	1
0	×	×	×	×	×	×	×	0	0	0	0
0	×	×	×	×	×	×	0	1	0	0	1
0	×	×	×	×	×	0	1	1	0	1	0
0	×	×	×	×	0	1	1	1	0	1	1

续表

输入									输出		
EI	I_0	I_1	I_2	I_3	I_4	I_5	I_6	I_7	A_2	A_1	A_0
0	×	×	×	0	1	1	1	1	1	0	0
0	×	×	0	1	1	1	1	1	1	0	1
0	×	0	1	1	1	1	1	1	1	1	0
0	0	1	1	1	1	1	1	1	1	1	1

2. 8线-3线优先编码器的 VHDL 描述

```
library ieee;
use ieee.std_logic_1164.all;
entity prioritycoder83_v2 is
    port ( i: in std_logic_vector(7 downto 0);
        ei:in std_logic;
        a: out std_logic_vector(2 downto 0));
end prioritycoder83_v2;
architecture dataflow of prioritycoder83_v2 is
begin
    process(ei,i)
    begin
        if(ei='1') then                    --使用if-elsif语句实现优先编码功能
            a <= "111";
        elsif (i="11111111" and ei='0') then
            a <= "111";
        elsif (i(7)='0' and ei='0') then
            a <= "000";
        elsif (i(6)='0' and ei='0') then
            a <= "001";
        elsif (i(5)='0' and ei='0') then
            a <= "010";
        elsif (i(4)='0' and ei='0') then
            a <= "011";
        elsif (i(3)='0' and ei='0') then
            a <= "100";
        elsif (i(2)='0' and ei='0') then
            a <= "101";
        elsif (i(1)='0' and ei='0') then
            a <= "110";
        elsif (i(0)='0' and ei='0') then
            a <= "111";
    end if;
    end process;
end dataflow;
```

8线-3线优先编码器时序仿真图如图3-20所示。

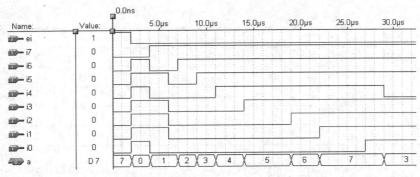

图 3-20 8 线-3 线优先编码器时序仿真图

任务 3.4 译码器的设计

3.4.1 译码器工作原理分析

译码是编码的逆过程，将二进制代码还原为它原来所代表字符的过程称为译码，实现译码的电路称为译码器。译码器是一个多输入多输出电路，常见译码器有二进制译码器、二-十进制译码器和数字显示七段译码器。

二进制译码器有 n 个输入端，2^n 个输出端，最常用的 MSI 二进制译码器有 3 线-8 线译码器和 4 线-16 线译码器，本任务以 3 线-8 线译码器为载体进行 VHDL 程序设计。其电路图如图 3-21 所示，功能表如表 3-5 所示。

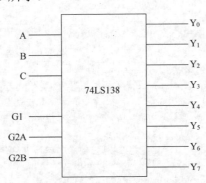

图 3-21 3 线-8 线译码器电路图

表 3-5 3 线-8 线译码器的功能表

输		入				输			出			
G1	G2A	G2B	C	B	A	Y_0	Y_1	Y_2	Y_3	Y_4	Y_5	Y_6	Y_7
×	1	×	×	×	×	1	1	1	1	1	1	1	1
×	×	1	×	×	×	1	1	1	1	1	1	1	1
0	×	×	×	×	×	1	1	1	1	1	1	1	1
1	0	0	0	0	0	0	1	1	1	1	1	1	1
1	0	0	0	0	1	1	0	1	1	1	1	1	1
1	0	0	0	1	0	1	1	0	1	1	1	1	1
1	0	0	0	1	1	1	1	1	0	1	1	1	1
1	0	0	1	1	1	1	1	1	1	0	1	1	1

续表

输入						输出							
G1	G2A	G2B	C	B	A	Y_0	Y_1	Y_2	Y_3	Y_4	Y_5	Y_6	Y_7
1	0	0	1	0	0	1	1	1	1	0	1	1	1
1	0	0	1	0	1	1	1	1	1	1	0	1	1
1	0	0	1	1	0	1	1	1	1	1	1	0	1
1	0	0	1	1	1	1	1	1	1	1	1	1	0

图 3-21 中 G1、G2A 和 G2B 为使能输入端，A、B 和 C 为地址输入端，当 G1、G2A 和 G2B 分别为 1、0、0 时（使能输入端此时有效，其余情况无效），译码器才能正常译码，输出端根据表中地址输入端 A、B 和 C 的值进行相应的值输出，即有关输出端输出为低电平，无关输出端输出为高电平；当使能输入端无效时（表中的前 3 行），译码器的地址输出端输出全为高电平，即地址输出端为全部无关位。通过功能表可以看出译码器有 3 个输入，8 个输出，故称为 3-8 译码器。

3.4.2 3 线-8 线译码器的 VHDL 设计

译码器是对一个有效的编码方式进行解码，不同编码对应不同的输出信号，常用于总线分配地址，外部存储器选通等。74138 译码器电路图如图 3-21 所示，用户可直接调用。在此介绍 3-8 译码器电路的 VHDL 设计方法。使用文本输入方法设计 3-8 译码器电路时，先在项目工程中新建文本文件，再输入相应程序。使用 VHDL 语言描述 3-8 译码器时，可使用如下编程代码。

```vhdl
library ieee;
use ieee.std_logic_1164.all;
use ieee.std_logic_unsigned.all;
use ieee.std_logic_arith.all;
entity decoder_74ls138 is
        port (g1,g2a,g2b : in std_logic;
              a,b,c : in std_logic;
              y : out std_logic_vector(7 downto 0));
end decoder_74ls138;
architecture rtl_arc of decoder_74ls138 is
    signal comb : std_logic_vector(2 downto 0);
begin
    comb <= c & b & a;
    process (g1,g2a,g2b,comb)
        begin
            if (g1 = '1' and g2a = '0' and g2b = '0') then
                case comb is
                    when "000" => y <= "11111110";
                    when "001" => y <= "11111101";
                    when "010" => y <= "11111011";
                    when "011" => y <= "11110111";
                    when "100" => y <= "11101111";
                    when "101" => y <= "11011111";
                    when "110" => y <= "10111111";
```

```
                    when "111" => y <= "01111111";
                    when others => y <= "XXXXXXXX";
                end case;
            else
                y <= "11111111";
            end if;
        end process;
end rtl_arc;
```

3-8 译码器电路时序仿真波形如图 3-22 所示。

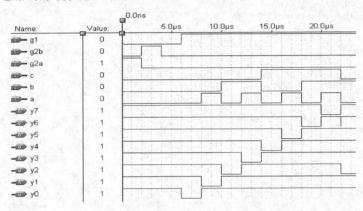

图 3-22　3-8 译码器电路时序仿真波形

任务 3.5　数据选择器的设计

3.5.1　数据选择器工作原理

数据选择器的输入端包括地址输入端和数据输入端。由地址输入端给出地址，找出相应的数据输入端，把该数据输入端的数据送入输出端。数据选择器包括 4 选 1 数据选择器、8 选 1 数据选择器等，下面以 4 选 1 数据选择器为例来介绍数据选择器的设计。

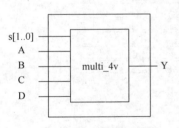

图 3-23　4 选 1 数据选择器

4 选 1 数据选择器（图 3-23）有两个地址输入端 S1、S0；4 个数据输入端 D、C、B、A；1 个数据输出端 Y。数据选择器功能表如表 3-6 所示。

表 3-6　数据选择器功能表

地 址 输 入		输　　出
S0	S1	Y
0	0	A
0	1	B
1	0	C
1	1	D

3.5.2 数据选择器的 VHDL 设计

```vhdl
library ieee;
use ieee.std_logic_1164.all;
entity multi_4v is                          --4选1数据选择器
    port(s: in std_logic_vector (1 downto 0);
         a,b,c,d: in std_logic;
              y: out std_logic);
end multi_4v;
architecture a of multi_4v is
begin
  process
  begin
    if (s="00") then
       y <= a;
    elsif (s="01") then
       y <= b;
    elsif (s="10") then
       y <= c;
    elsif (s="11") then
       y <= d;
    end if;
  end process;
end a;
```

4 选 1 数据选择器电路时序仿真波形如图 3-24 所示。

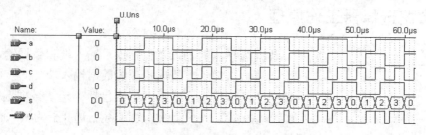

图 3-24　4 选 1 数据选择器电路时序仿真波形

任务 3.6　数值比较器的设计

3.6.1　数值比较器工作原理

数值比较器是对两个位数相同的二进制数进行比较并判定其大小关系的算术运算电路。数值比较器的逻辑电路图如图 3-25 所示，其真值表如表 3-7 所示。

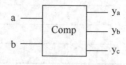

图 3-25　数据比较器

表 3-7 数值比较器的真值表

a 与 b 的关系	y_a	y_b	y_c
a>b	1	0	0
a<b	0	1	0
a=b	0	0	1

3.6.2 数值比较器的 VHDL 设计

```
library ieee;
use ieee.std_logic_1164.all;
entity comp4_1 is
    port(a:in std_logic_vector(3 downto 0);
         b:in std_logic_vector(3 downto 0);
         ya,yb,yc: out std_logic);
end comp4_1;
architecture behave of comp4_1 is
    begin
      process (a,b)
        begin
          if (a > b) then
                ya <='1';
                yb <='0';
                yc <='0';
          elsif (a < b) then
                ya <='0';
                yb <='1';
                yc <='0';
          else
                ya <='0';
                yb <='0';
                yc <='1';
          end if;
      end process;
end behave;
```

数据比较器电路时序仿真波形如图 3-26 所示。

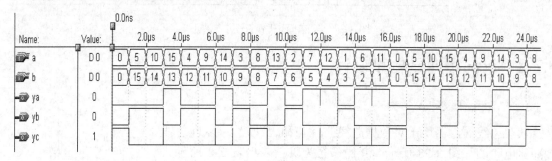

图 3-26 数据比较器电路时序仿真波形

任务 3.7 三态门与双向缓冲电路设计

3.7.1 三态门的设计

三态门是指逻辑门的输出除有高、低电平两种状态外，还有第三种状态——高阻状态的门电路，高阻态相当于隔断状态。三态门都有一个 EN 为控制使能端，来控制门电路的通断。具备这三种状态的器件就称为三态。VHDL 设计中，如果用 STD_LOGIC 数据类型的"Z"对一个变量赋值，即会引入三态门，并在使能信号的控制下可使其输出呈高阻态，这等效于使三态门禁止输出。

三态控制门电路的 VHDL 描述如下：

```vhdl
library ieee; use ieee.std_logic_1164.all;
use ieee.std_logic_unsigned.all;
entity tri_gate is
port (en: in std_logic;
   din: in std_logic_vector (3 downto 0);
   dout: out std_logic_vector (3 downto 0));
end tri_gate;
architecture one of tri_gate is
begin
process (en ,din)
begin
  if (en='1') then
      dout<=din;
  else
      dout<="ZZZZ";
  end if;
end process;
end one;
```

三态门电路时序仿真波形如图 3-27 所示。

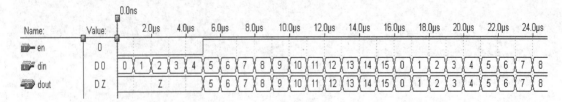

图 3-27 三态门电路时序仿真波形

3.7.2 双向缓冲器电路设计

1. 双向总线缓冲器结构

双向总线缓冲器用于对数据总线的驱动和缓冲，典型双向总线缓冲器电路图如图 3-28 所示，其操作行为真值表如表 3-8 所示。一般双向总线缓冲器的模式为：两个数据端口 a、b，一个使能端 en，一个方向控制端 dr。

图 3-28 双向总线缓冲器

表 3-8 双向总线缓冲器功能表

en	dr	功能
0	0	a=b
0	1	b=a
1	X	高阻

2. 双向总线缓冲器的 VHDL 描述

```
library ieee;
use ieee.std_logic_1164.all;
entity dub_gate is
port (a,b: inout std_logic_vector (7 downto 0);
    en: in std_logic;
    dr: in std_logic);
end dub_gate;
architecture a of dub_gate is
signal abuf, bbuf: std_logic_vector (7 downto 0);
begin p1: process (a, dr, en)
begin
 if (en='0') and (dr='1') then
     bbuf <= a;
 else
     bbuf<="ZZZZZZZZ";
 end if;
 b<=bbuf;
end process;
p2: process (b,dr,en)
begin
 if (en='0') and (dr='0') then
     abuf <= b;
 else
     abuf<="ZZZZZZZZ";
 end if;
 a<=abuf;
end process;
end a;
```

双向总线缓冲器电路的时序仿真波形如图 3-29 所示。

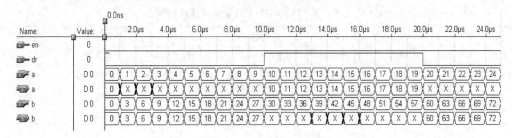

图 3-29 双向总线缓冲器电路时序仿真波形

任务 3.8 七段 LED 数码管扫描显示电路设计

3.8.1 LED 数码管及其显示电路

1. LED 数码管介绍

LED 数码管是由发光二极管构成的，常用的有 8 段，分为共阴极和共阳极两种，如图 3-30 和图 3-31 所示。多个 LED 的阴极连在一起的为共阴极数码管，阳极连在一起的为共阳极数码管。共阴极数码管的公共端接地，阳极（a 到 dp）接高电平，数码管点亮。共阳极数码管的公共端接电源，阴极（a 到 dp）接地，数码管点亮如图 3-32 所示。

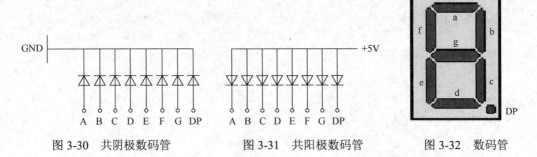

图 3-30 共阴极数码管　　　　图 3-31 共阳极数码管　　　　图 3-32 数码管

2. 数码管显示字符编码

数码管的位码就是提供给公共端的电平。位码的作用是控制数码管的亮灭。数码管的段码就是提供给 a、b、c、d、e、f、g、dp 的电平。段码的作用是控制数码管显示什么字符。单个数码管需要 9 个端口来控制。若用共阴极数码管显示字符"1"，如图 3-33 所示，则位码应该接低电平。段码按照 dp、g、f、e、d、c、b、a 的顺序，应该为"00000110"。若用共阳极数码管显示字符"A"，如图 3-34 所示，则位码应该接高电平。段码按照 dp、g、f、e、d、c、b、a 的顺序，应该为"10001000"。共阴和共阳 LED 数码管编码表如表 3-9 所示。

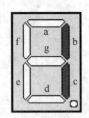　　　　　　　　　　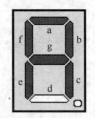

图 3-33 共阴极数码管显示字符"1"　　　　图 3-34 共阳极数码管显示字符"A"

表 3-9 共阴和共阳 LED 数码管编码表

显示数字	共阴顺序小数点暗		共阴逆序小数点暗		共阳顺序小数点亮	共阳顺序小数点暗
	dp g f e d c b a	十六进制	a b c d e f g dp	十六进制		
0	00111111	3FH	11111100	FCH	40H	C0H
1	00000110	06H	01100000	60H	79H	F9H
2	01011011	5BH	11011010	DAH	24H	A4H
3	01001111	4FH	11110010	F2H	30H	B0H

续表

显示数字	共阴顺序小数点暗		共阴逆序小数点暗		共阳顺序小数点亮	共阳顺序小数点暗
	dpgfedcba	十六进制	abcdefgdp	十六进制		
4	01100110	66H	01100110	66H	19H	99H
5	01101101	6DH	10110110	B6H	12H	92H
6	01111101	7DH	10111110	BEH	02H	82H
7	00000111	07H	11100000	E0H	78H	F8H
8	01111111	7FH	11111110	FEH	00H	80H
9	01101111	6FH	11110110	F6H	10H	90H

3.8.2 静态 LED 数码管显示电路设计

1. 数码管静态显示原理

静态显示方式将每一个数码管的段码端 a~h 连接到 CPLD/FPGA 的 I/O 端口上，公共端接地（对于共阴极 LED），如图 3-35 所示。每个数码管需要 8 个 I/O 口线，N 个数码管共需要 $N\times 8$ 条 I/O 口线。当 CPLD/FPGA 有相当多的 I/O 端口资源，并且显示的位数较少时（通常为 1~2 位），可以直接使用静态显示的方式。数码管静态显示方式的优点是连线简单，软件编程简单；缺点是需要耗费大量的 I/O 端口资源。

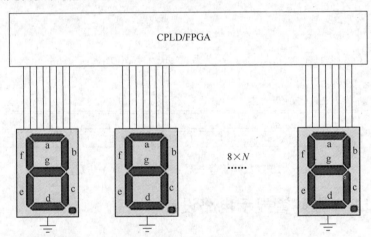

图 3-35 数码管静态显示电路

2. CPLD/FPGA 驱动 LED 数码管静态显示译码 VHDL 描述

```
library ieee;
use ieee.std_logic_1164.all;
use ieee.std_logic_unsigned.all;
use ieee.std_logic_arith.all;
entity display is                                    --共阴极数码管段码译码
  port ( data: in std_logic_vector (3 downto 0);
       seg: out std_logic_vector (6 downto 0) );   --gfedcba
end display;
architecture a of display is
begin
```

```vhdl
    process(data)
    begin
        case data is                                --gfedcba
            when "0000" => seg <= "0111111";  --0
            when "0001" => seg <= "0000110";  --1
            when "0010" => seg <= "1011011";  --2
            when "0011" => seg <= "1001111";  --3
            when "0100" => seg <= "1100110";  --4
            when "0101" => seg <= "1101101";  --5
            when "0110" => seg <= "1111101";  --6
            when "0111" => seg <= "0000111";  --7
            when "1000" => seg <= "1111111";  --8
            when "1001" => seg <= "1100111";  --9
            when "1010" => seg <= "1110111";  --a
            when "1011" => seg <= "1111100";  --b
            when "1100" => seg <= "0111001";  --c
            when "1101" => seg <= "1011110";  --d
            when "1110" => seg <= "1111001";  --e
            when "1111" => seg <= "1110001";  --f
            when others => seg <= "0000000";  --全灭
        end case;
    end process;
end a;
```

LED 数码管静态显示译码电路时序仿真波形如图 3-36 所示。

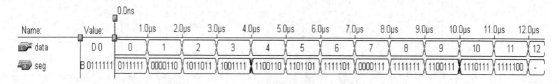

图 3-36 LED 数码管静态显示译码电路时序仿真波形

3.8.3 动态 LED 数码管显示电路设计

1. 数码管动态显示原理

在显示的数据较多时，会用到多个数码管，如果用静态显示方式会占用很多 I/O 资源（8×N），这时可以采用动态扫描方式来实现。动态扫描方式的硬件连接（图 3-37）是将每个数码管的段码引脚并联接到 CPLD/FPGA 的 I/O 端口上，每个数码管的公共端是独立的，通过控制公共端来控制相应数码管的亮、灭。

N 个 LED 数码管以动态方式显示时，需要 8+N 个 I/O 口线。其中 8 个 I/O 口线用作输出段码，N 个 I/O 口线输出位码。实现方法是依次点亮各个 LED 数码管，轮流向各个数码管送出段码和位码，循环进行显示。一个数码管显示之后下一个数码管马上显示，利用人眼的视觉暂留特性，得到多个数码管同时显示的效果。

采用数码管的动态显示原理框图如图 3-38 所示，数码管的扫描频率的快慢控制相当重要。扫描频率太慢，会产生数码管逐个显示的效果。扫描频率太快也不好，会造成数码管的亮度不够，因为数码管需要一定的时间才能达到一定的亮度。通常扫描频率为 1kHz（即数码管显示 1ms）可以达到满意的效果。

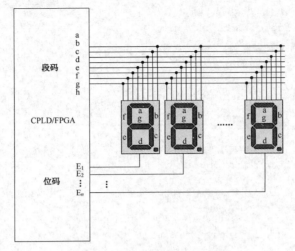

图 3-37　数码管动态显示电路

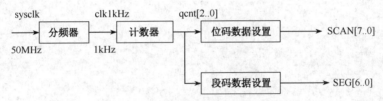

图 3-38　数码管动态显示原理框图

图 3-39 为 LED 数码管动态显示顶层原理图。由 fdiv 分频模块、cnt 计数模块和 dispdec 显示译码模块三个模块组成。

（1）输入信号。

sysclk：50MHz 系统时钟。

clr：清零信号。

D0~D7：8 个显示数据，分别显示在 8 个数码管上。

（2）输出信号。

SEG【6..0】：7 位段码输出。

SCAN【7..0】：8 位位码输出，每一位分别控制一个数码管的点亮。

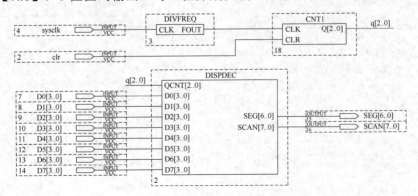

图 3-39　LED 动态显示顶层原理图

2. CPLD/FPGA 驱动 LED 动态显示 VHDL 描述

```vhdl
library ieee;
use ieee.std_logic_1164.all;
use ieee.std_logic_unsigned.all;
use ieee.std_logic_arith.all;
entity dispdec is
  port (
      qcnt: in integer range 0 to 7;                --计数值输入
d0, d1, d2, d3, d4, d5, d6, d7: in std_logic_vector (3 downto 0);
--显示数据
      seg: out std_logic_vector (6 downto 0);    --7位段码输出
      scan: out std_logic_vector (7 downto 0)    --8位位码输出
      );
end dispdec;
architecture a of dispdec is
   signal data: std_logic_vector (3 downto 0);
begin
   process(qcnt, d0, d1, d2, d3, d4, d5, d6, d7)
   begin
     case qcnt is     --根据计数值,输出相应的位码,并设置要显示的数据
        when 0 => scan <= "11111110"; data <= d0;
        when 1 => scan <= "11111101"; data <= d1;
        when 2 => scan <= "11111011"; data <= d2;
        when 3 => scan <= "11110111"; data <= d3;
        when 4 => scan <= "11101111"; data <= d4;
        when 5 => scan <= "11011111"; data <= d5;
        when 6 => scan <= "10111111"; data <= d6;
        when 7 => scan <= "01111111"; data <= d7;
        when others => scan <= "11111111"; data <= d0;
     end case;
   end process;
process (data)       --对显示数据译码
  begin
    case data is
        when "0000" => seg <= "0111111";  --0
        when "0001" => seg <= "0000110";  --1
        when "0010" => seg <= "1011011";  --2
        when "0011" => seg <= "1001111";  --3
        when "0100" => seg <= "1100110";  --4
        when "0101" => seg <= "1101101";  --5
        when "0110" => seg <= "1111101";  --6
        when "0111" => seg <= "0000111";  --7
        when "1000" => seg <= "1111111";  --8
        when "1001" => seg <= "1100111";  --9
        when "1010" => seg <= "1110111";  --a
        when "1011" => seg <= "1111100";  --b
        when "1100" => seg <= "0111001";  --c
        when "1101" => seg <= "1011110";  --d
```

```
              when "1110" => seg <= "1111001";   --e
              when "1111" => seg <= "1110001";   --f
              when others => seg <= "0000000";
           end case;
        end process;
     end a;
```

LED 数码管动态显示译码电路时序仿真波形如图 3-40 所示。

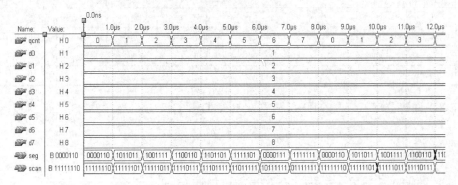

图 3-40　LED 数码管动态显示译码电路时序仿真波形

◎ 项目小结

本项目主要以实例的方式介绍了如何用 VHDL 语言进行基本数字单元逻辑电路的设计，主要内容有：逻辑门电路和运算电路的设计；编码器和译码器电路的设计；数据选择器和数据比较器电路的设计；三态门和缓冲器电路的设计；七段 LED 数码管扫描显示电路的设计等。这些基本单元电路既可以作为独立的电路使用，也可以在设计比较复杂的数字系统时作为底层模块直接调用。

◎ 实训项目

【实训 1】4 位 BCD 译码器的设计

4 位 BCD 译码器可将 BCD 码转换成数字显示码，有 4 个输入引脚和 7 个输出引脚。4 位 BCD 译码器可分为共阴与共阳两种，下面以设计共阳 4 位 BCD 译码器为例来说明其设计方法。

1. 实验原理

共阴极 4 位 BCD 译码器有 4 个输入端用来输入 BCD 码，7 个输出端分别对应到七段显示器的 a、b、c、d、e、f、g 七段数码管。其真值表如表 3-10 所示。

表 3-10　4 位 BCD 译码器真值表

数据线				输出						
D_3	D_2	D_1	D_0	S_0	S_1	S_2	S_3	S_4	S_5	S_6
0	0	0	0	1	1	1	1	1	1	0
0	0	0	1	0	1	1	0	0	0	0
0	0	1	0	1	1	0	1	1	0	1
0	0	1	1	1	1	1	1	0	0	1

续表

数据线				输　　出						
D_3	D_2	D_1	D_0	S_0	S_1	S_2	S_3	S_4	S_5	S_6
0	1	0	0	0	1	1	0	0	1	1
0	1	0	1	1	0	1	1	0	1	1
0	1	1	0	1	0	1	1	1	1	1
0	1	1	1	1	1	1	0	0	0	0
1	0	0	0	1	1	1	1	1	1	1
1	0	0	1	1	1	1	1	0	1	1
1	×	1	×	1	1	1	1	1	1	1
1	1	×	×	1	1	1	1	1	1	1

4位BCD译码器应具备的脚位：输入端D_3、D_2、D_1、D_0；输出端S_6、S_5、S_4、S_3、S_2、S_1、S_0。

2. 原理图输入

由于原理图输入法较复杂，因此在这里不再详述。

3. 文本输入

（1）建立新文件：选择"File"→"New"选项，出现"New"对话框，选择"Text Editor file"选项，单击"OK"按钮，进入文本编辑画面。

（2）保存：选择"File"→"Save"选项，出现"Save"对话框，输入文件名"sevenBCD.text"，单击"OK"按钮。

（3）指定项目名称，要求与文件名相同：选择"File"→"Project"→"Name"选项，在弹出的对话框中输入文件名"sevenBCD"，单击"OK"按钮。

（4）选择实际编程器件型号：选择"Assign"→"Device"选项，在弹出的对话框中选择ACEX1K系列的"EP1K30TC144-1"。

（5）输入VHDL源程序。

```
library ieee;
use ieee.std_logic_1164.all;
entity sevenbcd is
 port(d : in      integer range 0 to 9;
      s : out std_logic_vector(0 downto 6) );
end sevenbcd ;
architecture a of sevenbcd is
begin
   process(d)
   begin
case d is
     when 0 => s<="1111110";      --0
     when 1 => s<="0110000";      --1
     when 2 => s<="1101101";      --2
     when 3 => s<="1111001";      --3
     when 4 => s<="0110011";      --4
```

```
            when 5 => s<="1011011";           --5
            when 6 => s<="1011111";           --6
            when 7 => s<="1110000";           --7
            when 8 => s<="1111111";           --8
            when 9 => s<="1111011";           --9
            when others => s<="1111111";
        end case;
            end process;
        end a;
```

（6）保存并查错：选择"File"→"Project"→"Save&Check"选项，即可针对电路文件进行检查。

（7）修改错误：针对 Massage-Compiler 窗口所提供的信息修改电路文件，直到没有错误为止。

（8）保存并编译：选择"File"→"Project"→"Save&Compile"选项，即可进行编译，产生 sevenBCD.sof 烧写文件。

（9）创建电路符号：选择"File"→"Create Default Symbol"选项，可以产生 sevenBCD.sym 文件，代表现在所设计的电路符号。选择"File"→"Edit Symbol"选项，进入 Symbol Edit 界面，4 位 BCD 译码器的电路符号如图 3-41 所示。

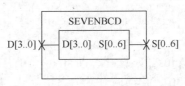

图 3-41　4 位 BCD 译码器的电路符号

（10）创建电路包含文件：选择"File"→"Create Default Include File"选项，产生用来代表现在所设计电路的 sevenBCD.inc 文件，供其他 VHDL 编译时使用。

（11）时间分析：选择"Utilities"→"Analyze Timing"选项，再选择"Analysis"→"Delay Matrix"，产生如图 3-42 所示的时间分析结果。

Delay Matrix

		Destination							
		S_0	S_1	S_2	S_3	S_4	S_5	S_6	
S o u r c e	D_0	7.4 ns	8.8 ns/9.5 ns	8.13 ns/8.13 ns	8.8 ns/9.5 ns	8.3 ns/8.5 ns	9.4 ns/9.8 ns	8.6 ns/9.4 ns	
	D_1	7.7 ns	8.8 ns/9.8 ns	8.4 ns/8.6 ns	8.8 ns/9.8 ns	8.5 ns/8.8 ns	9.6 ns/10.1 ns	8.9 ns/9.7 ns	
	D_2	7.6 ns	8.8 ns/9.7 ns	8.3 ns/8.5 ns	8.8 ns/9.7 ns	8.6 ns/8.7 ns	9.6 ns/10.0 ns	8.8 ns/9.6 ns	
	D_3	7.6 ns	8.6 ns/9.7 ns	8.3 ns/8.5 ns	8.6 ns/9.7 ns	8.5 ns/8.7 ns	9.4 ns/10.0 ns	8.8 ns/9.6 ns	

图 3-42　4 位 BCD 译码器的时间分析结果

4. 软件仿真

（1）进入波形编辑窗口：选择"MAX+plusⅡ"→"Waveform Editor"选项，进入波形编辑窗口。

（2）引入输入和输出脚：选择"Node"→"Enter Nodes from SNF"选项，在弹出的对话框中单击"List"按钮，选择"Available Nodes"中的输入与输出，单击"=>"按钮将 D_3、D_2、D_1、D_0、S_6、S_5、S_4、S_3、S_2、S_1、S_0 移至右边，单击"OK"按钮进行波形编辑。

（3）设定时钟的周期：选择"Options"→"Gride Size"选项，在出现的对话框中，设定"Gride Size"为 50 ns，单击"OK"按钮。

（4）设定初始值并保存：设定初始值，选择"File"→"Save"选项，在出现的对话框中输入文件名，再单击"OK"按钮。

（5）仿真：选择"MAX+plusⅡ"→"Simulator"选项，出现"Timing Simulation"对话框，单击"Start"按钮，出现"Simulator"对话框，单击"确定"按钮，出现如图 3-43 所示的波形图。

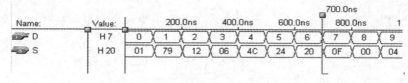

图 3-43　4 位 BCD 译码器的波形图

（6）观察输入结果的正确性：单击 A 按钮，可以在时序图中写字，并验证仿真结果的正确性。

5. 硬件仿真

（1）下载实验验证。

① 选择器件：打开 MAX+plusⅡ，选择"Assign"→"Device"选项，在弹出的对话框中选择 ACEX1K 系列的"EP1K30TC144-1"。

② 锁定引脚：选择"Assign"→"Pin"→"Location"→"Chip"，出现对话框，在"Node Name"中分别输入引脚名称 D_3、D_2、D_1、D_0、S_5、S_4、S_3、S_2、S_1、S_0、S_6，在"Pin"中输入引脚编号 68、67、65、64、17、13、12、10、9、8、140。

引脚 68 对应 KEY1，信号灯为 LED_KEY1；引脚 67 对应 KEY2，信号灯为 LED_KEY2；引脚 65 对应 KEY3，信号灯为 LED_KEY3；引脚 64 对应 KEY4，信号灯为 LED_KEY4；引脚 17、13、12、10、9、8、140 分别对应 LED1～LED7。

③ 编译：选择"File"→"Project"→"Save &Compile"，即可进行编译。

④ 烧写：选择"Programmer"→"Configure"进行烧写。

（2）实验结果。

设定输入信号为键按下时输入"1"信号，此时信号灯亮；否则为输入"0"信号，信号灯灭。输出信号为信号灯亮时为"1"，信号灯灭时为"0"。

按表 3-11 所示，分别按下 KEY1、KEY2、KEY3、KEY4 键，观察输出 LED1～LED7 的结果。

表 3-11　4 位 BCD 译码器实验结果

数据线				输出						
D_3	D_2	D_1	D_0	S_0	S_1	S_2	S_3	S_4	S_5	S_6
灭	灭	灭	灭	亮	亮	亮	亮	亮	亮	灭
灭	灭	灭	亮	灭	亮	亮	灭	灭	灭	灭
灭	灭	亮	灭	亮	亮	灭	亮	亮	灭	亮

续表

数 据 线				输 出						
D_3	D_2	D_1	D_0	S_0	S_1	S_2	S_3	S_4	S_5	S_6
灭	灭	亮	亮	亮	亮	亮	灭	灭	亮	亮
灭	亮	灭	灭	亮	亮	灭	亮	灭	亮	亮
灭	亮	灭	亮	亮	灭	亮	亮	灭	亮	亮
灭	亮	亮	灭	灭	亮	亮	亮	灭	亮	亮
灭	亮	亮	亮	亮	亮	亮	灭	灭	灭	灭
亮	灭	灭	灭	亮	亮	亮	亮	亮	亮	亮
亮	灭	灭	亮	亮	亮	亮	亮	灭	亮	亮

（3）实验解释。

信号输入键为 KEY1、KEY2、KEY3、KEY4。按下 KEY1 键，信号灯 LED_KEY1 亮，即把"1"信号输入到 68 引脚（D_3），否则表示送入信号"0"。按下 KEY2 键，信号灯 LED_KEY2 亮，即把"1"信号输入到 67 引脚（D_2），否则表示送入信号"0"。按下 KEY3 键，信号灯 LED_KEY3 亮，即把"1"信号输入到 65 引脚（D_1），否则表示送入信号"0"。按下 KEY4 键，信号灯 LED_KEY4 亮，即把"1"信号输入到 64 引脚（D_0），否则表示送入信号"0"。

信号输出由信号灯 LED1～LED7 来显示。LED1～LED7 亮时分别表示输出信号为"1"，否则为信号"0"，以此表示 17、13、12、10、9、8、140 引脚（S_5、S_4、S_3、S_2、S_1、S_0、S_6）的信号。

输出端的值由芯片 EP1K30TC144-1 通过程序所编的输入和输出之间的逻辑关系来确定。

附表 1：项目训练评定表

项目训练评价单	任务名称		姓名		学号	
	4 位 BCD 译码器的设计					
检查人	检查开始时间	检查结束时间		评价开始时间		评价结束时间

评 分 内 容	标准分值	自我评价（20%）	小组评价（30%）	教师评价（50%）
1. 创建项目工程文件和 VHDL 文件	10			
2. VHDL 语言输入	20			
3. 指定器件型号、引脚锁定	20			
4. 保存、编译文件	14			
5. 生成波形文件并仿真	20			
6. 编程下载与配置	16			

总分（满分 100 分）：

教师评语：

被检查人签名	日期	组长签名	日期	教师签名	日期

※评定等级分为优秀（90 分以上）、良好（80 分以上）、及格（60 分以上）、不及格（60 分以下）。

实训 2：4 位加减法器的设计

1. 实验原理

4 位加减法器可以对两个 4 位二进制数进行加减法运算，并且产生进位，其真值表如表 3-12 所示。

表 3-12 4 位加减法器真值表

输 入			输 出	
Sub	A[3..0]	B[3..0]	S[3..0]	Co
0	A	B	A+B	进位
1	A	B	A−B	借位

4 位加法器应具备的脚位有：输入端 Sub、A[3..0]、B[3..0]；输出端 S[3..0]、Co。

2. 原理图输入

（1）建立新文件：选择"File"→"New"选项，出现"New"对话框，选择"Graphic Editor file"选项，单击"OK"按钮，进入图形编辑画面。

（2）保存：选择"File"→"Save"选项，出现"Save"对话框，输入文件名"subadd_v.gdf"，单击"OK"按钮。

（3）指定项目名称，要求与文件名相同：选择"File"→"Project"→"Name"选项，在弹出的对话框中输入文件名"subadd_v"，单击"OK"按钮。

（4）确定对象的输入位置：在图形窗口内单击鼠标左键。

（5）引入逻辑门：选择"Symbol"→"Enter Symbol"，在"/Maxplus2/max2lib/prim"处双击，在"Symbol File"菜单中选取所需的逻辑门，单击"OK"按钮。

（6）引入输入和输出脚：按步骤（5）选出输入脚和输出脚。

（7）更改输入和输出脚的脚位名称：在 PIN_NAME 处双击，进行更名，输入脚为 Sub、A3、A2、A1、A0、B3、B2、B1、B0，输出脚为 S3、S2、S1、S0、Co。

（8）连接：将 A3、A2、A1、A0、B3、B2、B1、B0 脚连接到输入端，S3、S2、S1、S0、Co 脚连接到输出端，如图 3-44 所示。

（9）选择实际编程器件型号：选择"Assign"→"Device"选项，在弹出的对话框中选择 ACEX1K 系列的"EP1K30TC144-1"。

（10）保存并查错：选择"File"→"Project"→"Save&Check"，即可针对电路文件进行检查。

（11）修改错误：针对 Massage-Compiler 窗口所提供的信息修改电路文件，直到没有错误为止。

（12）保存并编译：选择"File"→"Project"→"Save&Compile"，即可进行编译，产生 subadd_v.sof 烧写文件。

（13）创建电路符号：选择"File"→"Create Default Symbol"，可以产生 subadd_v.sym 文件，代表现在所设计的电路符号。选择"File"→"Edit Symbol"，进入 Symbol Edit 界面，4 位加减法器的电路符号如图 3-45 所示。

（14）创建电路包含文件：选择"File"→"Create Default Include File"，产生用来代表现在所设计电路的 subadd_v.inc 文件，供其他 VHDL 编译时使用，如图 3-46 所示。

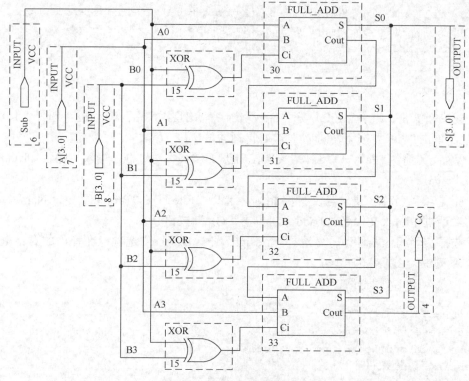

图 3-44　4 位加减法器原理图

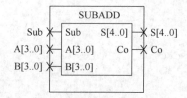

图 3-45　4 位加减法器的电路符号

FUNCTION subadd(sub, a[3..0], b
  RETURNS (s[3..0], co);

图 3-46　4 位加减法器的电路包含文件

（15）时间分析：选择"Utilities"→"Analyze Timing"选项，再选择"Analysis"→"Delay Matrix"，可以产生如图 3-47 所示的时间分析结果。

Delay Matrix

		Destination				
		Co	S0	S1	S2	S3
	A0	11.1 ns / 11.3 n	7.2 ns	8.8 ns	9.7 ns / 9.9 ns	11.1 ns / 11.3 n
	A1	13.9 ns / 14.1n		10.5 ns	12.5 ns / 12.7 n	13.9 ns / 14.1 n
	A2	9.2 ns / 9.4 n			7.9 ns	9.2 ns / 9.4 n
	A3	11.5 ns / 11.7 n				11.5 ns / 11.7 n
s	B0	10.9 ns / 11.1 n	7.4 ns	9.0 ns	9.5 ns / 9.7 ns	10.9 ns / 11.1 n
o	B1	14.0 ns / 14.2 n		11.8 ns	12.6 ns / 12.8 n	14.0 ns / 14.2 n
u	B2	9.2 ns / 9.4 n			8.8 ns / 9.0 n	9.2 ns / 9.4 n
r	B3	8.3 ns / 8.5 n				8.3ns / 8.5 n
c	Sub	7.4 ns		8.0 ns	8.0 ns	7.4 ns
e						

图 3-47　4 位加减法器的时间分析结果

```
f3: full_add    port map (a =>a(3),b =>b(3),ci=>n3,s =>s(3),co=>n4);
f4: full_add    port map (a =>a(4),b =>b(4),ci=>n4,s =>s(4),co=>n5);
f5: full_add    port map (a =>a(5),b =>b(5),ci=>n5,s =>s(5),co=>cout);
end a;
```

3. 文本输入

（1）建立新文件：选择"File"→"New"选项，出现"New"对话框，选择"Text Editor file"选项，单击"OK"按钮，进入文本编辑画面。

（2）保存：选择"File"→"Save"选项，出现"Save"对话框，输入文件名 subadd_v.text，单击"OK"按钮。

（3）指定项目名称，要求与文件名相同：选择"File"→"Project"→"Name"选项，在弹出的对话框中输入文件名 subadd_v，单击"OK"按钮。

（4）选择实际编程器件型号：选择"Assign"→"Device"选项，在弹出的对话框中选择 ACEX1K 系列的"EP1K30TC144-1"。

（5）输入 VHDL 源程序：

```
library ieee;
use ieee.std_logic_1164.all;
use ieee.std_logic_unsigned.all;
entity subadd is
port ( sub : in      std_logic;
       a,b : in      std_logic_vector(3 downto 0);
       s   : out     std_logic_vector(4 downto 0);
       co  : out     std_logic);
end subadd ;
architecture a of subadd is
signal a1,a2,a3 :std_logic_vector(4 downto 0);
begin
  aa:process
    begin
        a1<= "0"&a;
        a2<= "0"&b;
if sub='0' then
        a3 <= a1 + a2;
        else
        a3<=  a1 ? a2;
        end if;
        co <= a3(4);
        s <=a3(3 downto 0);
    end process aa;
end a;
```

（6）保存并查错：选择"File"→"Project"→"Save&Check"，即可针对电路文件进行检查。

（7）修改错误：针对 Massage-Compiler 窗口所提供的信息修改电路文件，直到没有错误为止。

（8）保存并编译：选择"File"→"Project"→"Save &Compile"，即可进行编译，产生 subadd_v.sof 烧写文件。

（9）创建电路符号：选择"File"→"Create Default Symbol"，可以产生 subadd_v.sym 文件，代表现在所设计的电路符号。选择"File"→"Edit Symbol"，进入 Symbol Edit 界面。

（10）创建电路包含文件：选择"File"→"Create Default Include File"，产生用来代表现在所设计电路的 subadd_v.inc 文件，供其他 VHDL 编译时使用。

（11）时间分析：选择"Utilities"→"Analyze Timing"选项，再选择"Analysis"→"Delay Matrix"，产生时间分析结果。

4. 软件仿真

（1）进入波形编辑窗口：选择"MAX+plusⅡ"→"Waveform Editor"，进入波形编辑窗口。

（2）引入输入和输出脚：选择"Node"→"Enter Nodes from SNF"选项，在弹出的对话框中单击"List"按钮，选择"Available Nodes"中的输入与输出，单击"=>"按钮将 Sub、A3、A2、A1、A0、B3、B2、B1、B0、S3、S2、S1、S0、Co 移至右边，单击"OK"按钮进行波形编辑。

（3）设定时钟的周期：选择"Options"→"Gride Size"选项，在弹出的对话框中设定"Gride Size"为 50 ns，单击"OK"按钮。

（4）设定初始值并保存：设定初始值，选择"File"→"Save"选项，出现"Save"对话框，单击"OK"按钮。

（5）仿真：选择"MAX+plusⅡ"→"Simulator"选项，出现"Timing Simulation"对话框，单击"Start"按钮，出现"Simulator"对话框，单击"确定"按钮，显示如图 3-48 所示的波形图。

（6）观察输入结果的正确性：单击 A 按钮，可以在时序图中写字，并验证仿真结果的正确性。

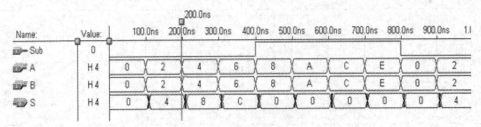

图 3-48　4 位加减法器的波形图

5. 硬件仿真

（1）下载实验验证。

① 选择器件：打开 MAX+plusⅡ，选择"Assign"→"Device"选项，在弹出的对话框中选择 ACEX1K 系列的"EP1K30TC144-1"。

② 锁定引脚：选择"Assign"→"Pin"→"Location"→"Chip"选项，出现对话框，在"Node Name"中分别输入引脚名称 Sub、A3、A2、A1、A0、B3、B2、B1、B0、S3、S2、S1、S0、Co，在"Pin"中输入引脚编号 68、67、65、64、63、62、60、59、49、17、13、12、10、9（分别对应输入键 KEY1～KEY9 和输出信号 LED1～LED5）。

③ 编译：选择"File"→"Project"→"Save &Compile"，即可进行编译。

④ 烧写：选择"Programmer"→"Configure"进行烧写。

（2）实验结果。

设定输入信号为键按下时输入为"1"信号，此时信号灯亮；否则输入为"0"信号，信号灯灭。输出信号为信号灯亮时为"1"，信号灯灭时为"0"。

按照4位加减法器的真值表，分别按KEY1～KEY9键，观察输出信号灯LED1～LED5的结果。

（3）实验解释。

信号输入键为KEY1～KEY9。按下KEY1键，信号灯LED_KEY1亮，即把"1"信号输入到68引脚（Sub），否则表示送入信号"0"。按下KEY2键，信号灯LED_KEY2亮，即把"1"信号输入到67引脚（A0），否则表示送入信号"0"。以此类推，直至按下KEY9键。

信号输出由信号灯LED1～LED5来显示。数码管亮时表示输出信号为"1"，否则为信号"0"，以此分别表示17引脚（S0）、13引脚（S1）等的信号。输出端的值由芯片EP1K30TC144-1通过程序所编的输入和输出之间的逻辑关系来确定。

附表2：项目训练评定表

项目训练评价单	任务名称		姓　　名		学　　号	
	4位加减法器的设计					
检查人	检查开始时间	检查结束时间	评价开始时间		评价结束时间	
评　分　内　容		标准分值	自我评价（20%）	小组评价（30%）	教师评价（50%）	
1. 创建项目工程文件和VHDL文件		10				
2. VHDL语言输入		20				
3. 指定器件型号、引脚锁定		20				
4. 保存、编译文件		14				
5. 生成波形文件并仿真		20				
6. 编程下载与配置		16				
总分（满分100分）：						
教师评语：						
被检查人签名	日期		组长签名	日期	教师签名	日期

※评定等级分为优秀（90分以上）、良好（80分以上）、及格（60分以上）、不及格（60分以下）。

◎ 项目练习

1. VHDL程序填空。

（1）在下面横线上填上合适的语句，完成一个逻辑电路的设计，其布尔方程为 y=（a+b）(c⊙d) + (b⊕f)。

```
library ieee;
use ieee.std_logic_1164.all;
entity comb is
```

```
port (a, b,c,d,e,f,: in std_logic;
    y: out std_logic);
end comb;
architecture one of comb is
begin
    y<= (a or b) and (_____) or (_____);
end architecture one;
```

(2) 在下面横线上填上合适的 VHDL 关键词，完成 2 选 1 多路选择器的设计。

```
library ieee;
use ieee.std_logic_1164.all;
_____ mux21 is
port (sel:in std_logic;
    a,b:in std_logic;
    q: out std_logic );
end mux21;
_____ bhv of mux21 is
begin
    q<=a when sel='1' else b;
end bhv;
```

(3) 在下面横线上填上合适的语句，完成 BCD-7 段 LED 显示译码器的设计。

```
library ieee ;
use ieee.std_logic_1164.all;
entity bcd_7seg is
port ( bcd_led : in std_logic_vector (3 downto 0);
       ledseg : out std_logic_vector (6 downto 0));
end bcd_7seg;
architecture behavior of bcd_7seg is
begin
process (bcd_led)
    _____
    if bcd_led="0000" then ledseg<="0111111";
    elsif bcd_led="0001" then ledseg<="0000110";
    elsif bcd_led="0010" then ledseg<=_____;
    elsif bcd_led="0011" then ledseg<="1001111";
    elsif bcd_led="0100" then ledseg<="1100110";
    elsif bcd_led="0101" then ledseg<="1101101";
    elsif bcd_led="0110" then ledseg<="1111101";
    elsif bcd_led="0111" then ledseg<="0000111";
    elsif bcd_led="1000" then ledseg<="1111111";
    elsif bcd_led="1001" then ledseg<="1101111";
    else ledseg<=_____;
    end if;
end process;
end behavior;
```

(4) 在下面横线上填上合适的语句，完成一个带使能功能的二-十进制译码器的设计。

```
library ieee;
```

```
use ieee.std_logic_1164.all;
entity my2to10 is
port (en: in std_logic;
      din: in std_logic_vector(____ downto 0);
      pout: out std_logic_vector(9 downto 0) );
end;
architecture arch of my2to10 is
begin
        process(en, din)
    begin
if en='1' then
case din is
when "0000" => pout<="0000000001";
when "0001" => pout<="0000000010";
when "0010" => pout<="0000000100";
when "0011" => pout<="0000001000";
when "0100" => pout<="0000010000";
when "0101" => pout<="0000100000";
when "0110" => pout<="0001000000";
when "0111" => pout<="0010000000";
when "1000" => pout<="0100000000";
when "1001" => pout<="1000000000";
when others => pout<="0000000000";
end case;
end if;
end process;
end;
```

（5）在下面横线上填上合适的语句，完成七人表决器的设计。

说明：一个带输出显示的七人表决器（两种结果：同意，反对）。

```
library ieee;
use ieee.std_logic_1164.all;
 entity biaojue7 is
 port (d:in std_logic_vector(0 to 6);
     rled,gled:out std_logic;
       ledseg:out std_logic_vector( 6 downto 0) );
end;
architecture bev of biaojue7 is
begin
process (d)
variable count:integer range 0 to 7 ;
begin
count:=_____;
for _____ loop
               if d(i)='1' then
count:=          ;
               else
count:=count;
               end if;
end loop;
```

```
      if count>          then
       gled<='1';
      rled<='0';
      else
      gled<='0';
      rled<='1';
      end if;
      case count is
      when 0=> ledseg<="0111111";
      when 1=> ledseg<="0000110";
      when 2=> ledseg<="1011011";
      when 3=> ledseg<="1001111";
      when 4=> ledseg<="1100110";
      when 5=> ledseg<="1101101";
      when 6=> ledseg<="1111101";
      when 7=> ledseg<="0100111";
      end case;
      end process;
      end bev;
```

（6）在下面横线上填上合适的语句，完成 8 位数字比较器的设计。

```
      library ieee;
      use ieee.std_logic_1164.all;
      entity comp is
      port (a,b: in _____ range 0 to _____;
      aequalb, agreatb, alessb : out bit);
      end comp;
      architecture behave of comp is
      begin
      aequalb<= '1' when a=b else '0';
      agreatb<= '1' when a>b else '0';
      alessb<= '1' when a<b else '0';
      end behave;
```

2. 编写程序

（1）试用编写一位全减器的 VHDL 程序（用两个 1 位的半减器组成一个 1 位的全减器）。

（2）设计并实现一个 16 选 1 多路数据选择器。

（3）根据表 3-13 及图 3-49，用 VHDL 语言设计并实现一个 4 位代码奇偶校验器。

表 3-13 8421 码奇偶校验位

8421 码				奇校验位	偶校验位
B8	B4	B2	B1	$\overline{P}$	P
0	0	0	0	1	0
0	0	0	1	0	1
0	0	1	0	0	1
0	0	1	1	1	0
0	1	0	0	0	1
0	1	0	1	1	0

续表

8421 码			奇校验位	偶校验位	
B8	B4	B2	B1	$\overline{P}$	P
0	1	1	0	1	0
0	1	1	1	0	1
1	0	0	0	0	1
1	0	0	1	1	0
1	0	1	0	1	0
1	0	1	1	0	1
1	1	0	0	1	0
1	1	0	1	0	1
1	1	1	0	0	1
1	1	1	1	1	0

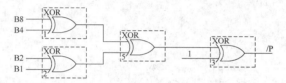

图 3-49 8421 码奇校验位发生器电路

(4) 用 VHDL 语言设计并实现一个 4 位二进制码转换成 BCD 码的转换器。其真值表如表 3-24 所示。

表 3-14 4 位二进制码转换成 BCD 码真值表

输 入 信 号				输 出 信 号				
D3	D2	D1	D0	B4	B3	B2	B1	B0
0	0	0	0	0	0	0	0	0
0	0	0	1	0	0	0	0	1
0	0	1	0	0	0	0	1	0
0	0	1	1	0	0	0	1	1
0	1	0	0	0	0	1	0	0
0	1	0	1	0	0	1	0	1
0	1	1	0	0	0	1	1	0
0	1	1	1	0	0	1	1	1
1	0	0	0	0	1	0	0	0
1	0	0	1	0	1	0	0	1
1	0	1	0	1	0	0	0	0
1	0	1	1	1	0	0	0	1
1	1	0	0	1	0	0	1	0
1	1	0	1	1	0	0	1	1
1	1	1	0	1	0	1	0	0
1	1	1	1	1	0	1	0	1

(5) 试用 VHDL 语言设计一个 10 线-4 线优先编码器的设计。

项目 4 时序逻辑电路设计

◎ **项目剖析**

时序逻辑电路的输出不但和当前输入有关,还与系统的原先状态有关,即时序电路的当前输出由输入变量与电路原先的状态共同决定。为达到这一目的,时序逻辑电路从某一状态进入下一状态时,必须首先设法"记住"原先的状态,因此时序逻辑电路应具有"记忆"功能。

◎ **技能目标**

通过本项目的学习,应达到以下技能目标:
(1) 掌握时序逻辑电路的设计方法。
(2) 学会分析 VHDL 程序写法,体会各种语句的用法。
(3) 由已知电路的功能能够编写出相应的程序。

任务 4.1 D 触发器的设计

4.1.1 时钟信号的描述

在时序电路中,是以时钟信号作为驱动信号的,也就是说时序电路是在时钟信号的边沿到来时,它的状态才会发生改变。在用 VHDL 描述时序逻辑电路时,通常采用时钟进程的形式来描述,即时序逻辑电路中进程的敏感信号是时钟信号。

1. 时钟作为敏感信号描述方式的两种情况

(1) 时钟信号可以显示地出现在 process 语句后面的敏感信号表中。
(2) 时钟信号没有显示地出现在 process 语句后面的敏感信号表中,而是出现在 wait 语句的后面。

2. 时钟的触发

在时序逻辑电路中,时钟是采用边沿来触发的,时钟边沿分为上升沿和下降沿,下面分别对时钟的上升沿和下降沿进行描述。

(1) 上升沿触发。上升沿触发的物理意义是指时钟信号的逻辑值是从"0"跳变到"1"。
① 描述方法 1:

```
label1: process (clk)
begin
if (clk'event and clk = '1') then
    ⋮
end process;
```

② 描述方法 2:

```
label2: process (clk)
begin
wait until clk = '1';
   ⋮
end process;
```

(2) 下降沿触发。下降沿触发的物理意义是指时钟信号的逻辑值是从"1"跳变到"0"。
① 描述方法 1:

```
label1: process (clk)
begin
if (clk' event and clk = '0') then
   ⋮
end process;
```

② 描述方法 2:

```
label2: process (clk)
begin
wait until clk = '0';
   ⋮
end process;
```

4.1.2 复位信号的描述

时序电路中复位信号 reset 的 VHDL 描述方法如下。

1. 同步复位方法描述

在设计时序电路同步复位功能时，VHDL 程序要把同步复位放在以时钟为敏感信号的进程中定义，且用 IF 语句来描述必要的复位条件。

(1) 描述方法 1:

```
process (clock_signal)
begin
   if (clock_edge_condition) then
      if (reset_conditon) then
         signal out<=reset in;
      else
         signal out<=signal in;
      end if;
   end if;
end process;
```

(2) 描述方法 2:

```
process
begin
wait on (clock_signal)
         untll (clock_edge_condition)
```

```
        if (reset_conditon)  then
           signal out<=reset value;
        else
           signal out<=signal in;
        end if;
end process;
```

2. 异步复位方法描述

在进程敏感信号表中应有 clk、reset 同时存在；用 if 语句描述复位条件；else 程序段描述时钟信号边沿的条件，并加 clk'event 属性。

```
process (reset_signal,clock_signal)
begin
     if (reset_conditon)  then
          signal out<=reset value;
     elseif (clock_event and clock_edge_condition)  then
          signal out<=signal in;
     end if;
end process;
```

4.1.3 简单 D 触发器设计

1. 简单 D 触发器原理

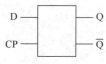

图 4-1 D 触发器

D 触发器逻辑图如图 4-1 所示。
（1）当 CP=0 或 1 时，触发器的状态不变。
（2）当 CP 由 0 变 1 时触发器翻转。
（3）触发器翻转后，在 CP=1 时输入信号被封锁。

2. D 触发器的 VHDL 语言描述

（1）方法 1：

```
library ieee;
use ieee.std_logic_1164.all;
entity dff_logic is
  port(d,clk:in std_logic;
       q:out std_logic);
end dff_logic;
architecture dff1 of dff_logic is
begin
   p1:process(clk)
   begin
     if (clk'event and clk=1) then
        q<=d;
     end if;
   end process p1;
end dff1;
```

（2）方法 2：

```
library ieee;
use ieee.std_logic_1164.all;
entity dff_logic is
  port (d,clk:in std_logic;
        q:out std_logic);
end dff_logic;
architecture dff1 of dff_logic is
begin
p1:process
    begin
    wait untill clk event and clk=1;
      q<=d;
    end process p1;
end dff;
```

（3）方法 3：

```
library ieee;
use ieee.std_logic_1164.all;
entity dff_logic is
  port (d,clk:in std_logic;
        q:out std_logic);
end dff_logic;
architecture dff1 of dff_logic is
begin
  process(clk)
    begin
      if (rising_edge(clk) ) then
        q<=d;
      end if;
  end process;
end dff;
```

D 触发器时序仿真波形如图 4-2 所示。

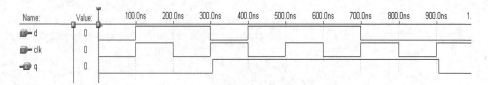

图 4-2　D 触发器时序仿真波形

4.1.4　异步复位/同步复位 D 触发器的设计

1. 异步复位 D 触发器的设计

所谓异步复位，就是指当复位端口 r 的信号有效时，该器件立即进行复位操作，而与同步时钟信号无关。异步复位 D 触发器真值表如表 4-1 所示。

表 4-1　异步复位 D 触发器真值表

r	D	CP	Q	Qb
0	*	*	0	1
1	*	0	保持	保持
1	*	1	保持	保持
1	0	上升沿	0	1
1	1	上升沿	1	0

（1）异步复位 D 触发器的 VHDL 描述。

```
library ieee;
use ieee.std_logic_1164.all;
entity async_rdff is
  port (d,clk,reset:in std_logic;       --复位信号reset
         q,qb:out std_logic);
end async_rdff;
architecture rtl of async_rdff is
begin
  process(clk,reset)
    begin
    if (reset='0') then
        q<='0';
        qb<='1';
    elsif (clk'event and clk='1') then
        q<=d;
        qb<=not d;
    end if;
  end process;
end rtl;
```

（2）时序仿真。

异步复位 D 触发器的时序仿真波形如图 4-3 所示。

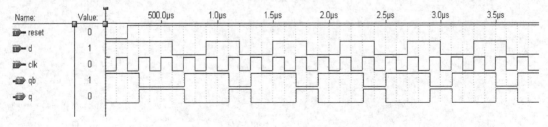

图 4-3　异步复位 D 触发器的时序仿真

核心提示

在用 VHDL 语言描述时，一旦复位信号有效，触发器就立即复位。在进程的敏感信号表中除时钟外，还应添上复位信号；另外，描述复位的 IF 语句应放在进程的第一条语句位置。

```
process(clock_signal, reset_signal)
begin
    if(reset_condition) then
       signal_out<=reset_value;
     elsif(clock_edge_condition) then
          signal_out<=signal_in;
             ⋮
       end if;
end process;
```

2. 同步复位的 D 触发器设计

所谓同步复位就是指当复位端口 r 的信号有效以后,只有在时钟的边沿到来时才能进行复位。同步复位 D 触发器真值表如表 4-2 所示。

表 4-2 同步复位 D 触发器真值表

r	D	CP	Q	Qb
0	*	上升沿	0	1
1	*	0	保持	保持
1	*	1	保持	保持
1	0	上升沿	0	1
1	1	上升沿	1	0

(1)同步复位的 D 触发器的 VHDL 描述。

```
library ieee;
use ieee.std_logic_1164.all;
entity sync_rdff is
  port (d,clk,reset:in std_logic;
        q,qb:out std_logic);
end sync_rdff;
architecture rtl of sync_rdff is
begin
  process(clk)
  begin
    if (clk'event and clk='1') then
       if (reset='0') then
            q<='0'; qb<='1';
       else
            q<=d;    qb<=not d;
       end if;
     end if ;
  end process;
end rtl;
```

(2)时序仿真。同步复位 D 触发器的时序仿真波形如图 4-4 所示。

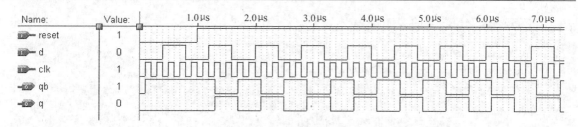

图 4-4　同步复位 D 触发器的时序仿真波形

在用 VHDL 语言描述时,同步复位一定在以时钟为敏感信号的进程中定义,且用 IF 语句来描述必要的复位条件。另外,描述复位条件的 IF 语句一定要嵌套在描述时钟边沿条件的 IF 语句的内部。

```
process(clock_signal)
begin
 if(clock_edge_condition) then
    if(reset_condition) then
        signal_out<=reset_value;
    else
        signal_out<=signal_in;
        ⋮
    end if;
 end if;
end process;
```

任务 4.2　寄存器和移位寄存器的设计

4.2.1　寄存器的设计

通常把能够用来存储一组二进制代码的同步时序逻辑电路称为寄存器。当存储 N 位二进制码时,只需要把 N 个触发器的时钟端口连接起来即可构成一个存储 N 位二进制码的寄存器。以 8 位寄存器 74LS374 为例进行详细说明,图 4-5 为 8 位寄存器 74LS374 电路逻辑图,表 4-3 为 74LS374 的逻辑功能表。

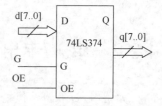

图 4-5　74LS374 的电路符号

表 4-3　74LS374 的功能表

OE	G	D	Q
0	上升沿	0	0
0	上升沿	1	1
0	0	×	保持
1	×	×	高阻

8 位寄存器 74LS374 的 VHDL 描述如下：

```vhdl
library ieee;
use ieee.std_logic_1164.all;
entity reg is
        port (d: in  std_logic_vector(7 downto 0);
              oe: in  std_logic;                              --使能信号
              g: in  std_logic;
              q: inout std_logic_vector(7 downto 0));
end reg;
architecture rtl_arc of reg is
begin
      process (g,oe)
        begin
            if oe ='0' then
                if (g ='1') then
                   q <= d;
                else
                   q <= q;
                end if;
            else
                q <= "ZZZZZZZZ";
            end if;
        end process;
end rtl_arc;library ieee;
```

8 位寄存器 74LS374 的仿真时序波形如图 4-6 所示。

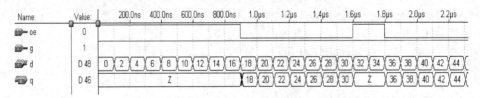

图 4-6　8 位寄存器 74LS374 的仿真时序波形

4.2.2　串入/串出移位寄存器的设计

所谓串入/串出移位寄存器，是指它的第一个触发器的输入端口用来接收外来的输入信号，而其余的每一个触发器的输入端口均与前面一个触发器的 Q 端相连。这样，移位寄存器输入端口的数据将在时钟边沿的作用下逐级向后移动，然后从输出端口串行输出。例如，8 位串入/串出移位寄存器的电路结构如图 4-7 所示。

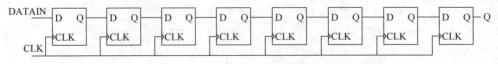

图 4-7　串入/串出移位寄存器电路图

8 位串入/串出移位寄存器 VHDL 程序描述如下：

```
library ieee;
use ieee.std_logic_1164.all;
use ieee.std_logic_arith.all;
use ieee.std_logic_unsigned.all;
entity shiftreg is
    port ( datain :in std_logic;
           clk :in std_logic;
           q:out std_logic);
end shiftreg;
architecture example of shiftreg is
     signal qq:std_logic_vector (7 downto 0);
 begin
     process (clk)
         begin
            if clk'event and clk='1' then
              qq (7 downto 1) <=qq (6 downto 0);
              qq (0) <=datain;
               end if;
        end process;
     q<=qq (7);
end example;
```

8 位串入/串出移位寄存器时序仿真如图 4-8 所示。

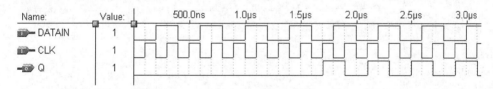

图 4-8　8 位串入/串出移位寄存器时序仿真

4.2.3　串入/并出移位寄存器的设计

所谓的串入/并出移位寄存器，即输入的数据是一个接着一个依序地进入，输出时则一起送出。8 位串入/并出移位寄存器的电路结构如图 4-9 所示。

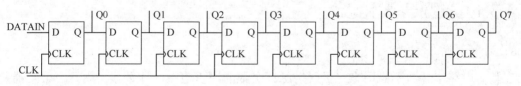

图 4-9　8 位串入/并出移位寄存器

8 位串入/串出移位寄存器 VHDL 程序描述如下：

```
library ieee;
use ieee.std_logic_1164.all;
use ieee.std_logic_arith.all ;
```

```vhdl
use ieee.std_logic_unsigned.all ;
entity sipo is
   port (d_in  :in std_logic;
     clk :in std_logic;
     d_out:out std_logic_vector (7 downto 0)) ;
end sipo;
architecture a of sipo is
  signal q: std_logic_vector (7 downto 0);
begin
p1:process (clk)
   begin
     if clk'event and clk = '1' then
     q(0) <= d_in;
        for i in 1 to 7 loop
           q(i) <= q(i-1) ;
        end loop;
     end if;
   end process p1;
  d_out <=q ;
end a;
```

8位串入/串出移位寄存器仿真时序波形如图4-10所示。

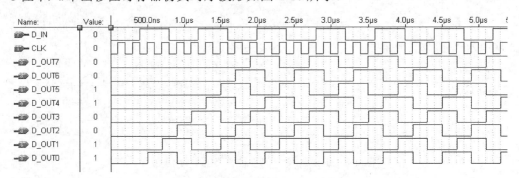

图4-10　8位串入/串出移位寄存器仿真时序波形

任务4.3　计数器及其设计方法

4.3.1　计数器基本概念

1. 计数器简介

在数字电路中计数器是用来记忆时钟脉冲个数的逻辑电路。计数器采用几个触发器的状态，按照一定规律随时钟变化来记忆时钟的个数，计数器的模是一个计数器所能记忆时钟脉冲的最大数目。

2. 计数器的分类

计数器可分为三类：同步计数器、异步计数器和可逆计数器。下面对以上三种计数器分别进行介绍。

4.3.2 同步计数器的设计

所谓同步计数器,就是在时钟脉冲(计数脉冲)的控制下,构成计数器的各触发器状态同时发生变化。

1. 带允许端的十二进制计数器

该计数器由 4 个触发器构成,clr 输入端用于清零,en 端用于控制计数器工作,clk 为时钟脉冲(计数脉冲)输入端,qa、qb、qc、qd 为计数器的 4 位二进制计数值输出端。该计数器的真值表如表 4-4 所示。

表 4-4 带允许端的十二进制计数器的真值表

输 入 端			输 出 端			
clr	en	clk	qd	qc	qb	qa
1	×	×	0	0	0	0
0	0	×	保持	保持	保持	保持
0	1	上升沿	计数值加 1			

(1) 带允许端的十二进制计数器 VHDL 程序描述。

```vhdl
library ieee;
use ieee.std_logic_1164.all;
use ieee.std_logic_unsigned.all;
use ieee.std_logic_arith.all;
entity count12en is
port (clk, clr, en: in std_logic;
      qa, qb, qc, qd: out std_logic);
end entity count12en;
architecture rtl of count12en is
signal count_4:std_logic_vector (3 downto 0);
begin
 qa<=count_4(0);
 qb<=count_4(1);
 qc<=count_4(2);
 qd<=count_4(3);
 process (clk, clr) is
 begin
     if (clr='1') then
         count_4<="0000";
     elsif (clk 'event and clk='1') then
         if (en='1') then
             if (count_4="1011" ) then
                 count_4<="0000";
             else
                 count_4<=count_4+'1';
             end if;
         end if;
```

```
        end if;
    end process;
end architecture rtl;
```

（2）时序仿真。

带允许端的十二进制计数器时序仿真波形如图 4-11 所示。

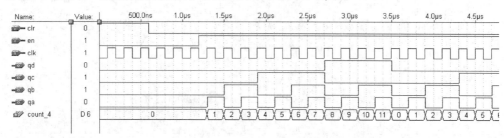

图 4-11　带允许端的十二进制计数器时序仿真波形

2. 同步预置数的计数器

有时计数器不需要从 0 开始累计计数，而希望从某个数开始往前或往后计数。这时就需要有控制信号能在计数开始时控制计数器从期望的初始值开始计数，这就是可预加载初始计数值的计数器。本例设计了一个对时钟同步的预加载（或称预置）计数器。

（1）同步预置数的计数器 VHDL 程序描述。

```
library ieee;
use ieee.std_logic_1164.all;
use ieee.std_logic_unsigned.all;
entity countload is
 port(clk:in std_logic;
      clr, en, load:in std_logic;
      din:in std_logic_vector(7 downto 0);      --预置数输入端
      q:buffer std_logic_vector(7 downto 0));
end countload;
architecture a of countload is
begin
 process(clk)
  begin
    if clk'event and clk='1' then
        if clr='0' then
            q<="00000000";
            elsif en='1' then
                if load='1' then
                    q<=din;
                else
                    q<=q+1;
    end if;
          end if;
      end if;
end process;
end a ;
```

（2）时序仿真。同步预置数的计数器时序仿真波形如图 4-12 所示。

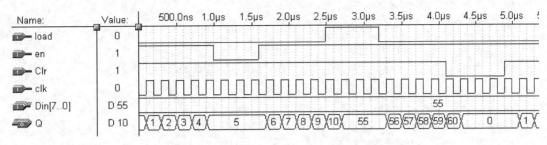

图 4-12　同步预置数的计数器时序仿真波形

4.3.3　异步计数器的设计

异步计数器又称行波计数器，它的下一位计数器的输出作为上一位计数器的时钟信号，这样一级一级串行连接起来就构成了一个异步计数器。

异步计数器与同步计数器的不同之处就在于时钟脉冲的提供方式，异步计数器同样可以构成各种各样的计数器。但是，由于异步计数器采用行波计数，因而使计数延迟增加，在要求延迟小的领域受到了很大限制。尽管如此，由于它的电路简单，故仍有广泛的应用。

用 VHDL 语言描述异步计数器与上述同步计数器的不同之处主要表现在对各级时钟脉冲的描述上，这一点请读者在阅读例程时多加注意。

1. 由 8 个触发器构成的行波计数器 VHDL 程序描述

```
library ieee;
use ieee.std_logic_1164.all;
entity dffr is
 port (clk, clr, d  : in std_logic;
       q, qb        : out std_logic);
end entity dffr;
architecture rtl of dffr is
signal q_in:std_logic;
begin
     qb<=not q_in;
     q<=q_in;
  process (clk, clr) is
  begin
     if(clr='1') then
         q_in<='0';
     elsif (clk'event and clk='1') then
         q_in<=d;
     end if;
  end process;
end architecture rtl;
library ieee;
use ieee.std_logic_1164.all;
entity rplcont is
port (clk, clr: in std_logic;
```

```
        count: out std_logic_vector (7 downto 0));
    end entity rplcont;
    architecture rtl of rplcont is
      signal count_in_bar:std_logic_vector (8 downto 0);
      component dffr is
          port (clk, clr, d: in std_logic;
                q, qb: out std_logic);
      end component;
    begin
          count_in_bar (0) <=clk;
      gen1:for i in 0 to 7 generate
          u: dffr port map
    (clk=>count_in_bar (i), clr=>clr, d=>count_in_bar (i+1),
                q=>count (i), qb=>count_in_bar (i+1));
      end generate;
    end architecture rtl;
```

2. 时序仿真

异步计数器同步预置数的计数器时序仿真波形如图 4-13 所示。

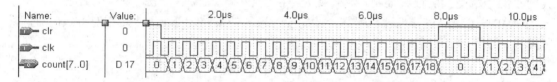

图 4-13 异步计数器同步预置数的计数器时序仿真波形

4.3.4 可逆计数器的设计

在数字电路中，在时钟脉冲的作用下既可以递增计数又可以递减计数的计数器称为可逆计数器。一般来说，计数器需要定义一个用来控制计数器方向的控制端口 UPDOWN，可逆计数器的控制方向由它来决定，从而完成可逆计数器不同方式的计数。

1. VHDL 编程

带有异步复位控制端口、同步预置控制端口和同步使能端口的通用可逆计数器 VHDL 程序描述如下。

```
    library ieee;
    use ieee.std_logic_1164.all;
    use ieee.std_logic_arith.all;
    use ieee.std_logic_unsigned.all;
    entity countern is
            generic (n : integer:=8);
            port (clk : in std_logic;
                  areset: in std_logic;
                  sset: in std_logic;
                  enable: in std_logic;
                  updown: in std_logic;
```

```vhdl
            q: buffer std_logic_vector (n-1 downto 0));
    end countern;
    architecture rtl_arc of countern is
    begin
        process (clk,areset)
        begin
            if (areset ='1') then
                q <= "00000000";
            elsif (clk'event and clk ='1') then
                if (sset ='1') then
                    q <= "11111111";
                elsif (enable ='1') then
                    if (updown ='1') then
                        q <= q +1;
                    else
                        q <= q -1;
                    end if;
                else
                    q <= q;
                end if;
            end if;
        end process;
    end rtl_arc;
```

2. 时序仿真

带有异步复位控制端口、同步预置控制端口和同步使能端口的通用可逆计数器时序仿真波形如图 4-14 所示。

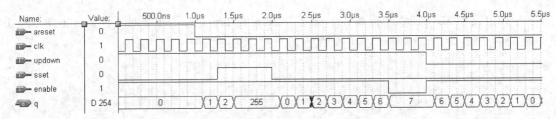

图 4-14 可逆计数器时序仿真

任务 4.4 分频器的设计

4.4.1 分频器及其设计方法

在数字逻辑电路设计中，分频器是一种基本电路。通常用来对某个给定频率进行分频，以得到所需的频率。数控分频器的功能是在输入端输入不同数据时，对输入时钟产生不同的分频比，使输出信号的频率为输入数据的函数。数控分频器的输出信号频率为输入数据的函数。用传统的方法进行设计的过程和电路都比较复杂，且设计成果的可修改性和可移植性都较差。基于 VHDL 的数控分频器设计，整个过程简单、快捷，极易修改，可移植性强，它可利用并行预置数的加法计数器和减法计数器实现。广泛应用于电子仪器、乐器等数字电子系统中。

数控分频器的功能就是当在输入端给定不同输入数据时，将对输入的时钟信号有不同的分频比，数控分频器就是用计数值可并行预置的加法计数器设计完成的，方法是将计数溢出位与预置数加载输入信号相接即可，其基本的框图如图 4-15 所示。

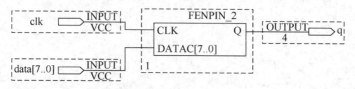

图 4-15　分频器基本框图

用 VHDL 语言设计分频器的关键是输出电平翻转的时机。通过计数方式进行输出电平的翻转是常用的设计方法。分频器分为偶数分频器和奇数分频器。

4.4.2　偶数分频电路设计

偶数分频较容易实现。例如实现占空比为 50%的偶数 N 分频，可采用两种方案：一是当计数器计数到 $\frac{N}{2}-1$ 时，将输出电平翻转，同时让计数器复位，如此循环下去；二是当计数器计数为 $0\sim\frac{N}{2}-1$ 时，输出为 0 或 1，计数器计数为 $\frac{N}{2}\sim N-1$ 时，输出为 1 或 0，当计数器计数到 N 时，复位计数器，如此循环下去。需要说明的是，第一种方案仅能实现占空比为 50%的分频器，而第二种方案可以有限度地调整占空比。

1. 6 分频电路的设计

6 分频电路的 VHDL 程序描述如下。其中 architecture a 使用第一种方案，architecture b 使用第二种方案，使用 configuration 配置语句为实体指定结构体。

```
library ieee;
use ieee.std_logic_1164.all;
use ieee.std_logic_arith.all;
use ieee.std_logic_unsigned.all;
entity divfreq is
port ( clk:in std_logic;
       fout:out std_logic);
end divfreq;
architecture a of divfreq is
    signal outq:std_logic:='0';
    signal countq:std_logic_vector(2 downto 0);
begin
    process(clk)
begin
    if clk'event and clk='1' then
        if countq/=2 then
```

```vhdl
                countq<=countq+1;
            else
                outq<=not outq;
                countq<=(others=>'0');
            end if;
        end if;
    end process;
    fout<=outq;
end a;
architecture b of divfreq is
    signal countq:std_logic_vector(2 downto 0);
begin
    process(clk)
    begin
        if clk'event and clk='1' then
            if countq<5 then
                countq<=countq+1;
            else
                countq<=(others=>'0');
            end if;
        end if;
    end process;
    process(countq)
    begin
        if countq<=3 then
            fout<='0';
        else
            fout<='1';
        end if;
    end process;
end b;
configuration cfg of divfreq is
    for a            --for b
    end for;
end cfg;
```

2. 时序仿真

6 分频电路时序仿真波形如图 4-16 所示。

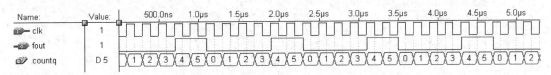

图 4-16 6 分频电路时序仿真波形

4.4.3 奇数分频电路设计

实现非 50%占空比的奇数分频，可以采用类似偶数分频的第二种方案。但如要实现占空比为 50%的 2N+1 的分频，则需要对分频时钟上升沿或下降沿分别进行 $\dfrac{N}{2N+1}$ 分频，然后将两个分频所得的时钟信号相或得到占空比为 50%的 2N+1 分频器。

1. 占空比为 50%的 7 分频器电路 VHDL 程序描述

```vhdl
library ieee;
use ieee.std_logic_1164.all;
use ieee.std_logic_arith.all;
use ieee.std_logic_unsigned.all;
entity divfreq1 is
port (  clk:in std_logic;
    fout:out std_logic);
end divfreq1;
architecture behave of divfreq1 is
  signal cnt1,cnt2:integer range 0 to 6;
  signal clk1,clk2:std_logic;
begin
process(clk)
begin
  if clk'event and clk='1' then
     if cnt1<6 then
         cnt1<=cnt1+1;
     else
         cnt1<=0;
     end if;
     if cnt1<3 then
         clk1<='1';
     else
         clk1<='0';
     end if;
  end if;
end process;
process(clk)
begin
  if clk'event and clk='0' then
     if cnt2<6 then
         cnt2<=cnt2+1;
     else
         cnt2<=0;
     end if;
     if cnt2<3 then
         clk2<='1';
```

```
            else
                 clk2<='0';
             end if;
      end if;
   end process;
   fout<=clk1 or clk2;
   end behave;
```

2. 时序仿真

7 分频器电路时序仿真波形如图 4-17 所示。

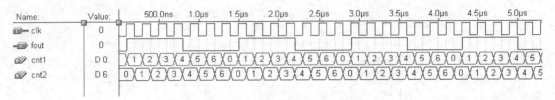

图 4-17　7 分频器电路时序仿真波形

任务 4.5　有限状态机的设计

4.5.1　状态机的基本结构和功能

状态机的基本结构如图 4-18 所示。除了输入信号、输出信号外，状态机还包含一组寄存器记忆状态机的内部状态。状态机寄存器的下一个状态及输出，不仅同输入信号有关，而且还与寄存器的当前状态有关，状态机可以认为是组合逻辑和寄存器逻辑的特殊组合。它包括两个主要部分，即组合逻辑部分和寄存器。组合逻辑部分又可分为状态译码器和输出译码器，状态译码器确定状态机的下一个状态，即确定状态机的激励方程，输出译码器确定状态机的输出，即确定状态机的输出方程。寄存器用于存储状态机的内部状态。

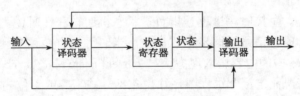

图 4-18　状态机的基本结构

状态机的基本操作有以下两种。

（1）状态机的内部状态转换。状态机经历一系列状态，下一状态由状态译码器根据当前状态和输入条件决定。

（2）产生输出信号序列。输出信号由输出译码器根据当前状态和输入条件确定，用输入信号决定下一状态也称为"转移"。除了转移之外，复杂的状态机还具有重复和历程功能。从一个状态转移到另一状态称为控制定序，而决定下一状态所需的逻辑称为转移函数。

在产生输出的过程中，根据是否使用输入信号可以确定状态机的类型。两种典型的状态机是摩尔（Moore）状态机和米立（Mealy）状态机，如图 4-19 和图 4-20 所示。摩尔状态机的输出只是当前状态的函数，而米立状态机的输出一般是当前状态和输入信号的函数。对于这两类状态机，控制定序都取决于当前状态和输入信号。大多数实用的状态机都是同步的时序电路，由时钟信号触发进行状态的转换。时钟信号同所有的边沿触发的状态寄存器和输出寄存器相连，使状态的改变发生在时钟的上升或下降沿。

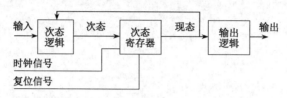

图 4-19　摩尔（Moore）状态机结构框图

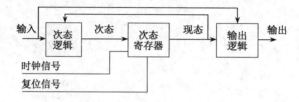

图 4-20　米立（Mealy）状态机结构框图

4.5.2　一般有限状态机的设计

1. 状态机的一般组成

用 VHDL 设计有限状态机方法有多种，但最一般和最常用的状态机设计通常包括说明部分、主控时序部分、主控组合部分和辅助进程部分。

（1）说明部分。说明部分中使用 TYPE 语句定义新的数据类型，此数据类型为枚举型，其元素通常都用状态机的状态名来定义。状态变量定义为信号，便于信息传递，并将状态变量的数据类型定义为含有既定状态元素的新定义的数据类型。说明部分一般放在结构体的 architecture 和 begin 之间。

（2）主控时序进程。主控时序进程是指负责状态机运转和在时钟驱动正负现状态机转换的进程。状态机随外部时钟信号以同步方式工作，当时钟的有效跳变到来时，时序进程将代表次态的信号 next_state 中的内容送入现态信号 current_state 中，而 next_state 中的内容完全由其他进程根据实际情况而定，此进程中往往也包括一些清零或置位的控制信号。

（3）主控组合进程。根据外部输入的控制信号（包括来自外部的和状态机内容的非主控进程的信号）或（和）当前状态值确定下一状态 next_state 的取值内容，以及对外或对内部其他进程输出控制信号的内容。

（4）辅助进程。用于配合状态机工作的组合、时序进程或配合状态机工作的其他时序进程。在一般状态机的设计过程中，为了能获得可综合的，高效的 VHDL 状态机描述，建议使用枚举类数据类型来定义状态机的状态，并使用多进程方式来描述状态机的内部逻辑。例如，可使用两个进程来描述，一个进程描述时序逻辑，包括状态寄存器的工作和寄存器状态的输出，另一个进程描述组合逻辑，包括进程间状态值的传递逻辑以及状态转换值的输出。必要时还可以引入第三个进程完成其他的逻辑功能。

2. 状态机进行设计的步骤

（1）分析设计要求，列出状态机的全部可能状态，并对每一个状态进行编码。
（2）根据状态转移关系和输出函数画出状态转移图。
（3）由状态转移图，用 VHDL 语句对状态机描述。

4.5.3 Moore 型状态机的设计

现要求设计一个存储控制器，它能够根据微处理器的读周期或者写周期，分别对存储器输出写使能信号 we 和读使能信号 re。该控制器的输入信号有三个：微处理的准备就绪信号 ready，微处理的读写信号 read-write 和时钟信号 clk。

1. 工作过程

ready 有效（或上电复位时），控制器开始工作并在下一个时钟周期到来时判断本次工作是读 m 还是写 m（read-write 有效为读，无效时为写）。控制器的输出写使能信号 we 在操作中有效，而读写使能信号 re 在读操作中有效。读写完毕后 ready 标态本次处理任务完成，回到空闲状态。

2. 设计步骤

（1）首先根据控制器的控制步骤来确定有限状态机的状态。
① 空闲状态 idle。
② 判断状态 decision。
③ 读状态 read。
④ 写状态 write。
（2）根据状态画出状态转移图。

状态转移图（图 4-21）是一个非常重要的概念，它表明了有限状态机的状态和转移条件，有了状态转移图就可以很容易地写出有限状态机的 VHDL 描述。表明了有限状态机的状态和转移条件。

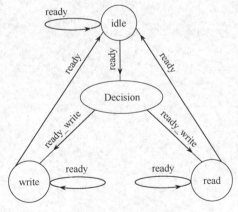

图 4-21 状态转移图

3. 状态机的输出逻辑

存储控制器真值表如表 4-5 所示。

表 4-5 存储控制器真值表

所处状态	re	we
idle	0	0
decision	0	0
read	1	0
write	0	1

4. Moore 型状态机设计的存储控制器 VHDL 程序描述

```vhdl
library ieee;
use ieee.std_logic_1164.all;
entity moore is
port (clk,ready,read_write: in std_logic;
    oe,we              : out std_logic);
end moore;
architecture state_machine of moore is
type state_type is (idle,decision,read,write);
signal present_state,next_state: state_type;
begin
   state_comb: process (present_state,ready,read_write)
   begin
      case present_state is
         when idle =>
            oe<='0';
            we<='0';
            if(ready='1') then
               next_state<=decision;
            else
               next_state<=idle;
            end if;
         when decision =>
            oe<='0';
            we<='0';
            if(read_write='1') then
               next_state<=read;
            else
               next_state<=write;
            end if;
         when read =>
            oe<='1';
            we<='0';
            if(ready='1') then
               next_state<=idle;
            else
               next_state<=read;
            end if;
         when write =>
            oe<='0';
```

```
                    we<='1';
                    if(ready='1') then
                      next_state<=idle;
                    else
                      next_state<=write;
                    end if;
              end case;
        end process state_comb;
            state_clocked:process(clk)
        begin
            if(rising_edge(clk)) then
              present_state<=next_state;
            end if;
        end process state_clocked;
    end state_machine;
```

5. 时序仿真

Moore 型状态机设计的存储控制器时序仿真波形如图 4-22 所示。

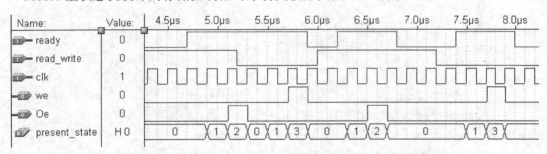

图 4-22　Moore 型状态机设计的存储控制器时序仿真波形

6. 设计结果分析

从上面的描述中，可以总结出用 VHDL 描述有限状态机的步骤：

（1）用定义的状态类型去定义信号，状态类型为可枚举类型；

（2）在进程中描述有限状态转移，由于状态是当前状态和输入信号的函数，因此将它们作为进程的敏感信号。

（3）在进程中描述状态寄存器的逻辑，状态寄存器功能是将状态转化为现态。由于转化是在时钟边沿，时钟应为敏感量。

（4）在进程中描述输出逻辑，由于输出逻辑是根据当前状态给输出信号进行赋值，因此进程的敏感信号是当前状态信号。

4.5.4　Mealy 型状态机的设计

Mealy 状态机的输出是现态和所有输入的函数，随输入变化而随时发生变化。从时序上看，Mealy 状态机属于异步输出状态机，它不依赖于时钟，但 Mealy 状态机和 Moore 状态机的设计基本上相同。Mealy 型状态机的状态图如图 4-23 所示。

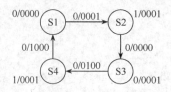

图 4-23 Mealy 状态机的状态图

Mealy 型状态机设计 VHDL 程序描述：

```vhdl
library ieee;
use ieee.std_logic_1164.all;
use ieee.std_logic_unsigned.all;
entity mealy is
  port ( clk, datain, reset : in std_logic;
dataout : out std_logic_vector (3 downto 0));
end entity mealy;
architecture arc of mealy is
type state_type is (s1, s2, s3, s4);
signal state : state_type;
begin
  state_process : process (clk, reset)          --时序逻辑进程
  begin
    if reset='1' then                            --异步复位
      state<=s1;
    elsif clk'event and clk='1' then
--当检测到时钟上升沿时执行case语句
      case state is
        when s1=>if datain='1' then
                state<=s2;
              end if;
        when s2=>if datain='0' then
                state<=s3;
              end if;
        when s3=>if datain='1' then
                state <=s4;
              end if;
        when s4=>if datain='0' then
                state <=s1;
              end if;
      end case;
    end if;
end process;
output_p : process (state)                       --组合逻辑进程
begin
  case state is                                  --确定当前状态值
    when s1=>
        if datain='1' then dataout<="0001";
        else dataout<="0000";
        end if;
```

```
            when s2=>
                if datain='0' then dataout<="0010";
                else dataout<="0001";
                end if;
            when s3=>
                if datain='1' then dataout<="0100";
                   else dataout<="0001";
                end if;
            when s4=>
                if datain='0' then dataout<="1000";
                else dataout<="0001";
                end if;
        end case;
    end process;
end architecture arc;
```

上面的 VHDL 描述中包含了两个进程：state_process 和 output_p，分别为主控时序逻辑进程和组合逻辑进程。图 4-24 是 Mealy 型状态机的工作时序图，由图可见，状态机在异步复位信号来到时，datain=1，输出 dataout=0001，在 clk 的有效上升沿来到前，datain 发生了变化，由 1→0，输出 dataout 随即发生变化，由 0000→0001，反映了 Mealy 状态机属于异步输出状态机而它不依赖于时钟的鲜明特点。

Mealy 状态机的 VHDL 结构要求至少有两个进程，或者是一个状态机进程加一个独立的并行赋值语句。

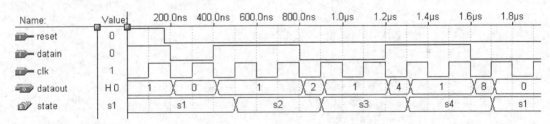

图 4-24　Mealy 型状态机工作时序图

任务 4.6　存储器设计

半导体存储器的种类很多，从功能上可以分为只读存储器（Read_Only Memory，ROM）和随机存储器（Random Access Memory，RAM）两大类。

4.6.1　只读存储器（ROM）的设计

只读存储器在正常工作时从中读取数据，不能快速地修改或重新写入数据，适用于存储固定数据的场合。下面是一个容量为 16×8 的 ROM 存储的例子，该 ROM 有 4 位地址线 adr（0）～adr（3），8 位数据输出线 dataout（0）～dataout（7）及使能 ce。ROM 的内容是初始设计电路时就写入到内部的，通常采用电路的固定结构来实现存储；ROM 只需设置数据输出端口和地址输入端口。

1. 只读存储器 ROM 的 VHDL 程序描述

```vhdl
library ieee;
use ieee.std_logic_1164.all;
use ieee.std_logic_unsigned.all;
use ieee.std_logic_arith.all;
entity rom is
   port (
            addr      : in std_logic_vector (3 downto 0);
             ce       : in std_logic;
            dataout   : out std_logic_vector (7 downto 0)
        );
end rom;
architecture d of rom is
  begin
  dataout <="00001111" when addr ="0000" and ce='0' else
            "11110000" when addr ="0001" and ce='0' else
            "11001100" when addr ="0010" and ce='0' else
            "00110011" when addr ="0011" and ce='0' else
            "10101010" when addr ="0100" and ce='0' else
            "01010101" when addr ="0101" and ce='0' else
            "10011001" when addr ="0110" and ce='0' else
            "01100110" when addr ="0111" and ce='0' else
            "00000000" when addr ="1000" and ce='0' else
            "11111111" when addr ="1001" and ce='0' else
            "00010001" when addr ="1010" and ce='0' else
            "10001000" when addr ="1011" and ce='0' else
            "10011001" when addr ="1100" and ce='0' else
            "01100110" when addr ="1101" and ce='0' else
            "10100110" when addr ="1110" and ce='0' else
            "01100111" when addr ="1111" and ce='0' else
            "XXXXXXXX";
end d;
```

2. 时序仿真

只读存储器 ROM 的时序仿真波形如图 4-25 所示。

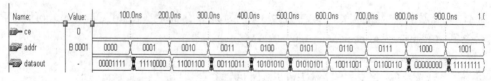

图 4-25　只读存储器 ROM 的时序仿真波形

4.6.2　读写存储器（SRAM）的设计

RAM 和 ROM 的主要区别在于 RAM 描述上有读和写两种操作，而且在读写上对时间有较严格的要求。下面我们给出一个 8×8 位的双口 SRAM 的 VHDL 描述实例，如图 4-26 所示。

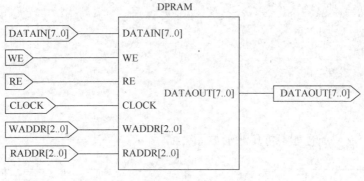

图 4-26 双口 SRAM

1. 8×8 位双口 SRAM 的 VHDL 程序描述

```
library ieee;
use ieee.std_logic_1164.all;
use ieee.std_logic_arith.all;
use ieee.std_logic_unsigned.all;
entity dpram is
  generic(width:integer :=8;
        depth:integer :=8;
        adder:integer :=3);
  port(datain   :in std_logic_vector(width-1 downto 0);
        dataout :out std_logic_vector(width-1 downto 0);
        clock   :in std_logic;
        we,re   :in std_logic;
        wadd    :in std_logic_vector(adder-1 downto 0);
        radd    :in std_logic_vector(adder-1 downto 0));
end entity dpram;
architecture art of dpram is
  type mem is array(depth-1 to 0) of std_logic_vector(width-1 downto 0);
  signal ramtmp:mem;
begin
  process(clock) is                                    --写进程
    begin
      if(clock'event and clock='1') then
          if(we='1')then
              ramtmp(conv_integer(wadd))<=datain;
          end if;
      end if;
  end process;
                                                       --读进程
  process(clock) is
    begin
      if(clock'event and clock='1')then
        if(re='1') then
```

```
          dataout<=ramtmp(conv_integer(radd));
        end if;
      end if;
    end process;
end architecture art;
```

2. 时序仿真

8×8位双口SRAM的时序仿真波形如图4-27所示。

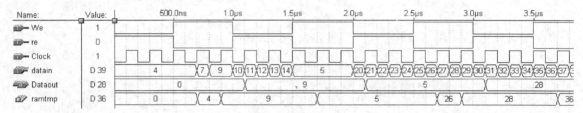

图4-27 8×8位双口SRAM的时序仿真波形

◎ 项目小结

通过对本项目的学习，了解到数字系统除了包括组合逻辑电路外，还有时序逻辑电路。时序逻辑电路的输出状态不仅与输入变量的状态有关，而且与系统原先的状态有关。时序逻辑电路的基本单元一般是触发器，常用的基本电路有二进制计数器、十进制计数器、移位寄存器。

在本项目中，重点介绍了各种寄存器和计数器，利用VHDL语言如何去描述它们，以及如何进行时序仿真，并如何对仿真结果进行分析。

◎ 实训项目

【实训1】：JK触发器的设计

1. JK触发器的种类

（1）基本JK触发器。JK触发器有J和K两个输入端（或称为激励端），当时钟出现有效边沿（上升沿或者下降沿）时，JK触发器的输出将如表4-6所示，其他情况（时钟没有出现有效边沿）下，输出保持不变。JK触发器的特征方程为

$$Q^{n+1} = J\overline{Q^n} + \overline{K}Q^n$$

基本JK触发器的引脚有：数据输入端（J，K）、时钟输入端（clk）、输出端（Q，Qb）。

表4-6 基本JK触发器真值表

clk	J	K	Q^{n+1}
↓	0	0	Q^n
↓	0	1	0
↓	1	0	1
↓	1	1	$\overline{Q}$

（2）带异步复位/置位功能的JK触发器。所谓异步复位，是指只要复位端有效，不需等

时钟的上升沿到来就立刻使 JK 触发器清零；而异步置位，是指只要复位端有效，不需等时钟的上升沿到来就立刻使 JK 触发器置位。若异步复位端与异步置位端同时有效，则输出为不定状态。表 4-7 是带异步复位/置位功能的 JK 触发器的真值表，从表中可以看出，异步复位/置位端都是低电平有效。

引脚说明：数据输入端为 J、K；脉冲输入端为 clk；清除输入（复位）端为 clr；默认控制（预置位）端为 prn；使能输入端为 ena；输出端为 Q。

表 4-7 带异步复位/置位功能的 JK 触发器真值表

输 入						输 出	
ena	prn	clr	clk	J	K	Q	Qb
1	0	1	×	×	×	1	0
1	1	0	×	×	×	0	1
1	0	0	×	×	×	×	×
1	1	0	↑（上升沿）	0	0	不变	不变
1	1	0	↑	0	1	0	1
1	1	0	↑	1	0	1	0
1	1	0	↑	1	1	翻转	翻转

从表 4-7 中可以看出，当预置位端 prn 或复位端 clr 二者其一有效时（低电平），无论时钟和 J、K 端的电平情况如何，输出都为高电平（或低电平）。而当二者同为低电平，即预置位端与复位端同时有效时，输出不定，用"X"表示。当预置位端 prn（或复位端 clr）均无效时，输出端 Q 的值与输入端 J、K 的值有关。若 J、K 同为低电平，则输出保持不变；若 J、K 同为高电平，则随着上升沿的到来，输出将作翻转；当 J、K 电平不同时，输出端 Q 保持为与输入端 J 的逻辑值相同。

2．JK 触发器的设计

方法一：原理图设计。

（1）建立新文件：选择"File"→"New"选项，出现"New"对话框，选择"Graphic Editor file"选项，单击"OK"按钮，进入图形编辑界面。

（2）保存：选择"File"→"Save"，出现"Save"对话框，输入文件名"jkdff.gdf"，单击"OK"按钮。

（3）指定项目名称，要求与文件名相同：选择"File"→"Project"→"Name"选项，输入文件名"jkdff_g"，单击"OK"按钮。

（4）确定对象的输入位置：在图形窗口内单击鼠标左键。

（5）引入元件 JKFFE：选择"Symbol"→"Enter Symbol"，在"/Maxplus2/max2lib/prim"处双击，在"Symbol File"菜单中选取"JKFFE"或直接输入"JKFFE"，单击"OK"按钮（或者双击空白区域也可进入"Enter Symbol"对话框）。

（6）引入输入和输出脚：按步骤（5）选出输入脚 INPUT 和输出脚 OUTPUT。

（7）更改输入和输出脚的脚位名称：在 PIN_NAME 处双击，进行更名，输入脚为 J、K、clk、ena、prn、clr，输出脚为 Q。

（8）连接：将各引脚做相应连接，带异步复位/置位功能的 JK 触发器的原理图如图 4-28 所示。

(9) 选择实际编程器件型号：选择"Assign"→"Device"选项，在弹出的对话框中选择 ACEX1K 系列的"EP1K30TC144-1"。

(10) 保存并查错：选择"File"→"Project"→"Save&Check"，即可针对电路文件进行检查。

(11) 修改错误：针对 Massage-Compiler 窗口所提供的信息修改电路文件，直到没有错误为止。

(12) 保存并编译：选择"File"→"Project"→"Save&Compile"，即可进行编译，产生 jkdff.sof 烧写文件。

(13) 创建电路符号：选择"File"→"Create Default Symbol"，可以产生 JKFFE .sym 文件，代表现在所设计的电路符号。选择"File"→"Edit Symbol"选项，可进入 Symbol Edit 编辑器。

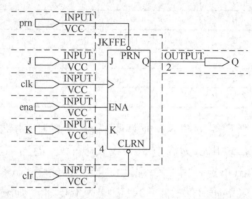

图 4-28　带异步复位/置位功能的 JK 触发器的原理图

(14) 创建电路包含文件：选择"File"→"Create Default Include File"，产生用来代表现在所设计电路的 jkdff.inc 文件，供其他 VHDL 编译时使用。

(15) 时间分析：选择"Utilities"→"Analyze Timing"，再选择"Analysis"→"Delay Matrix"，可以产生相应的时间分析结果。

方法二：VHDL 设计。

(1) 建立新文件：选择"File"→"New"选项，出现"New"对话框，选择"Text Editor file"选项，单击"OK"按钮，进入文本编辑画面。

(2) 保存：选择"File"→"Save"选项，在弹出的对话框中输入文件名"jkdff.vhd"（不同的实体有不同的文件名），单击"OK"按钮。

(3) 指定项目名称，要求与文件名相同：选择"File"→"Project"→"Name"，在弹出的对话框中输入文件名"jkdff"（程序二输入 "jkdff2"），单击"OK"按钮。

(4) 选择实际编程器件型号：选择"Assign"→"Device"选项，在弹出的对话框中选择 ACEX1K 系列的"EP1K30TC144-1"。

(5) 输入 VHDL 源程序。

程序一（基本 JK 触发器的 VHDL 描述）：

```
library ieee;
use ieee.std_logic_1164.all;
entity jkdff is
    port(j, k  : in std_logic;
```

```vhdl
            clk : in std_logic;
        q, qb  : out std_logic);
end jkdff;
architecture a of jkdff is
signal qtmp,qbtmp:std_logic;
begin
 process(clk,j,k)
 begin
     if clk='1' and clk'event then
         if j='0' and k='0' then null;
         elsif j='0' and k='1' then
               qtmp<='0';
               qbtmp<='1';
         elsif j='1' and k='0' then
             qtmp<='1';
               qbtmp<='0';
         else    qtmp<=not qtmp;
               qbtmp<=not qbtmp;
             end if;
end if;
    q<=qtmp;
    qb<=qbtmp;
end process;
end a;
```

程序二（异步复位/置位功能的 JK 触发器 VHDL 描述）：

```vhdl
library ieee;
use ieee.std_logic_1164.all;
entity jkdff2 is
  port(j, k:in std_logic;
    clk:in std_logic;
    prn, clr: in std_logic;
      q,qb:out std_logic);
end jkdff2;
architecture a of jkdff2 is
signal qtmp, qbtmp: std_logic;
begin
 process(clk, prn, clr, j, k)
 begin
     if prn='0' then
             qtmp<='1';
             qbtmp<='0';
elsif clr='0' then
             qtmp<='0';
             qbtmp<='1';
     elsif clk='1' and clk'event then
         if j='0' and k='0' then null;
         elsif j='0' and k='1' then
             qtmp<='0';
             qbtmp<='1';
```

```
                    elsif j='1' and k='0' then
qtmp<='1';
                        qbtmp<='0';
                    else qtmp<=not qtmp;
                        qbtmp<=not qbtmp;
                    end if;
                end if;
                q<=qtmp;
                qb<=qbtmp;
        end process;
end a;
```

（6）保存并查错：选择"File"→"Project"→"Save&Check"，即可针对电路文件保存并进行检查。这一步也可直接单击常用工具栏的 ![] 按钮。

（7）修改错误：针对 Massage-Compiler 窗口所提供的信息修改电路文件，直到没有错误为止。

（8）对不同的程序分别进行保存并编译：选择"File"→"Project"→"Save&Compile"，即可进行编译，分别产生 jkdff.sof 与 jkdff2.sof 烧写文件。

（9）仿真：进行软件仿真，观察仿真波形并分析是否符合逻辑设计要求，图 4-29 是基本 JK 触发器的仿真波形图。

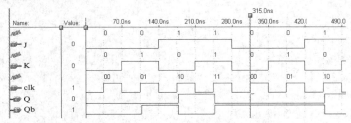

图 4-29　基本 JK 触发器的仿真波形图

（10）创建电路符号：选择"File"→"Create Default Symbol"，可以产生 jkdff.sym（或 jkdff2.sym）文件，代表现在所设计的电路符号。选择"File"→"Edit Symbol"，可进入 Symbol Edit 界面，基本 JK 触发器的电路符号如图 4-30 所示。

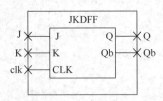

图 4-30　基本 JK 触发器的电路符号

（11）创建电路包含文件：选择"File"→"Create Default Include File"，产生用来代表现在所设计电路的 dff2.inc（或 dffe_v.inc）文件，供其他 VHDL 程序编译时使用。

（12）时间分析：选择"Utilities"→"Analyze Timing"，再选择"Analysis"→"Delay Matrix"，产生时间分析结果。

3．软件仿真

（1）进入波形编辑窗口：选择"MAX+plusⅡ"→"Waveform Editor"，进入波形编辑器。

（2）引入输入和输出脚：选择"Node"→"Enter Nodes from SNF"选项，在弹出的对话框中单击"List"按钮,选择"Available Nodes"中的输入与输出,单击"=>"按钮将所有输入和输出脚移至右边(对异步复位/置位触发器、同步使能 D 触发器,还需将 prn、clr、ena 等也移至右边),单击"OK"按钮进入仿真波形编辑器。

(3) 设定时钟的周期:选择"Options"→"Gride Size"选项,在弹出的对话框中设定"Gride Size"为 50 ns,则时钟周期为 100 ns,单击"OK"按钮。

(4) 设定初始值并保存:设定初始值,选择"File"→"Save"选项,出现"Save"对话框,单击"OK"按钮。

(5) 仿真:选择"MAX+plusⅡ"→"Simulator"选项,出现"Timing Simulation"对话框,单击"Start"按钮,出现"Simulator"对话框,单击"确定"按钮。这一步也可直接单击常用工具栏的 按钮。

(6) 观察输入结果的正确性:单击 按钮,可以在时序图中加入注释,以验证仿真结果的正确性,如图 4-31 所示。

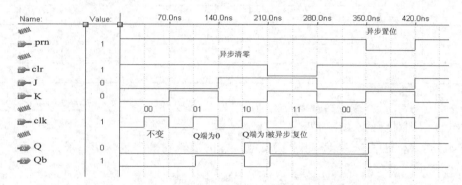

图 4-31 带异步复位/置位功能的 JK 触发器的仿真结果

(7) 波形分析:观察仿真结果,在 prn、clr 均为高电平(无效)期间,随着每个时钟上升沿的到来,输出端 Q 的输出与输入端 J 的逻辑相同,符合 $Q^{n+1}=JQ^n+KQ^n$ 的 JK 触发器特征方程。而当清零端有效时,不等时钟的有效边沿到来,输出立刻被无条件地复位为"0"。同样,当预置位端 prn 有效时,不等时钟的有效边沿到来,输出立刻被无条件地置位。图中未列出预置位信号与复位信号同时有效时的输出情况,读者可尝试进行仿真并观察输出的逻辑情况。

通过以上分析,认为以上的原理图设计和 VHDL 设计均能实现预期的 JK 触发器的有关逻辑功能。

4. 硬件验证

(1) 下载实验验证。以 VHDL 程序 jkdff2.vhd 为例。

① 选择器件:打开 MAX+plusⅡ,选择"Assign"→"Device"选项,在弹出的对话框中选择 ACEX1K 系列的"EP1K30TC144-1"。

② 锁定引脚:选择"Assign"→"Pin"→"Location"→"Chip",出现对话框,在"Node Name"中分别输入引脚名称 J、K、clk、Q、clr、prn,在"Pin"中分别输入引脚编号 68、67、55、135、65、64。其中,引脚 68、67 对应输入按键 KEY1、KEY2,其对应的信号灯为 LED_KEY1 与 LED_KEY2;引脚 55 对应时钟信号,时钟信号可在实验箱现场调整,频率可选;135 引脚连接着输出 LED12;65、64 脚分别对应输入按键 KEY3、KEY4。

③ 编译：选择"File"→"Project"→"Save &Compile"，即可对输入的原理图或 VHDL 程序进行编译。

④ 烧写：选择"Programmer"选项，在弹出的对话框内选择 Configure 进行烧写。烧入烧写文件后，EDA 实验箱即开始工作。

（2）观察实验结果。按表 4-8 所示，按下输入键 KEY1～KEY4，观察输出 LED 的结果。

表 4-8 异步复位/置位功能的 JK 触发器的实验验证结果

输 入				输 出	
KEY4	KEY3	KEY1	KEY2	LED12	LED11
prn	clr	J	K	Q	Qb
0	1	x	x	亮	灭
1	0	x	x	灭	亮
1	1	x	x	不变	不变
1	1	1	1	闪烁	闪烁
1	1	0	0	不变	不变
1	1	0	1	灭	亮
1	1	1	0	亮	灭

（3）实验结果解释。如表 4-8 所示，用"1"代表按键按入，则对应的 LED 灯亮，"0"代表按键恢复，则对应的 LED 灯灭。

由表 4-8 可见，输出的逻辑结果与 JK 触发器的逻辑功能一致，所以设计正确。

附表 1：项目训练评定表

项目训练评价单	任务名称		姓名		学号	
	J-K 触发器的设计					
检查人	检查开始时间	检查结束时间		评价开始时间	评价结束时间	
评 分 内 容		标准分值	自我评价（20%）	小组评价（30%）		教师评价（50%）
1. 创建项目工程文件和 VHDL 文件		10				
2. VHDL 语言输入		20				
3. 指定器件型号、引脚锁定		20				
4. 保存、编译文件		14				
5. 生成波形文件并仿真		20				
6. 编程下载与配置		16				
总分（满分 100 分）：						
教师评语：						
被检查人签名	日期		组长签名	日期	教师签名	日期

※评定等级分为优秀（90 分以上）、良好（80 分以上）、及格（60 分以上）、不及格（60 分以下）。

【实训 2】同步清零的可逆计数器

本实训项目用 VHDL 语言设计了一个可逆计数器，可通过方向控制端控制计数器递增计数或递减计数。

一个同步清零可逆计数器至少应具备的引脚有：时钟输入端 clk、计数输出端 Q、方向控制端 dire、清零控制端 clr。

1. VHDL 设计

（1）建立新文件：选择"File"→"New"选项，出现"New"对话框，选择"Text Editor file"选项，单击"OK"按钮，进入文本编辑界面。

（2）保存：选择"File"→"Save"选项，在弹出的对话框中输入文件名"countud.vhd"，单击"OK"按钮。

（3）指定项目名称，要求与文件名相同：选择"File"→"Project"→"Name"选项，在弹出的对话框中输入文件名"countud"，单击"OK"按钮。

（4）选择实际编程器件型号：选择"Assign"→"Device"，在弹出的对话框中选择 ACEX1K 系列的"EP1K30TC144-1"。

（5）输入 VHDL 源程序：

```vhdl
library ieee;
use ieee.std_logic_1164.all;
use ieee.std_logic_unsigned.all;
entity countud is
 port(clk  :in std_logic;
      clr  :in std_logic;
      dire :in std_logic;
      q    :buffer std_logic_vector(7 downto 0));
end countud;
architecture a of countud is
begin
    process(clk)
    begin
        if clk'event and clk='1' then
            if clr='0' then
                q<="00000000";
            elsif dire='1' then
                q<=q+1;
            else
                q<=q-1;
            end if;
        end if;
    end process;
end a;
```

（6）保存并查错：选择"File"→"Project"→"Save&Check"，即可对电路文件保存并进行检查。

（7）修改错误：针对 Massage-Compiler 窗口所提供的信息修改电路文件，直到没有错误为止。

（8）保存并编译：选择"File"→"Project"→"Save&Compile"，即可进行编译，产生

countud.sof 烧写文件。

（9）仿真：进行软件仿真，观察仿真波形是否符合逻辑设计要求。

（10）创建电路符号：选择"File"→"Create Default Symbol"，可以产生"countud.sym"文件，代表现在所设计的电路符号。选择"File"→"Edit Symbol"，进入 Symbol Edit 界面进行编辑。

（11）创建电路包含文件：选择"File"→"Create Default Include File"，产生用来代表现在所设计电路的 countud.inc 文件，供其他 VHDL 编译时使用。

（12）时间分析：选择"Utilities"→"Analyze Timing"，再选择"Analysis"→"Delay Matrix"，产生时间分析结果。

2. 软件仿真

（1）进入波形编辑窗口：选择"MAX+plusⅡ"→"Waveform editor"选项，进入仿真波形编辑器。

（2）引入输入和输出脚：选择"Node"→"Enter Nodes from SNF"选项，在弹出的对话框中单击"List"按钮，选择"Available Nodes"中的输入与输出，单击"=>"按钮将 clk、Q、clr、dire 移至右边，单击"OK"按钮进行图形编辑。

（3）设定时钟的周期：选择"Options"→"Gride Size"选项，在弹出的对话框中设定"Gride Size"为 40 ns，单击"OK"按钮。

（4）设定初始值并保存：设定初始值，选择"File"→"Save"选项，出现"Save"对话框，单击"OK"按钮。

（5）仿真：选择"MAX+plusⅡ"→"Simulator"选项，出现"Timing Simulation"对话框，单击"Start"按钮，出现"Simulator"对话框，单击"确定"按钮。

（6）观察输入结果的正确性：单击 **A** 按钮，可以在时序图中添加注释，并验证仿真结果的正确性，如图 4-32 所示。

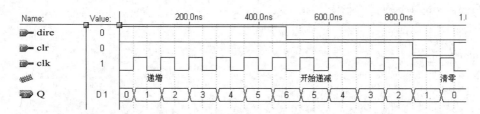

图 4-32　同步清零的可逆计数器的仿真结果

（7）波形分析：从仿真波形可以看出，dire="1"期间，每来一个时钟的上升沿，输出数据 Q 就累加一次，相当于对时钟进行计数，符合递增计数器的逻辑要求；dire="0"期间，每来一个时钟的上升沿，输出数据 Q 就递减一次，符合递减计数器的逻辑要求；当清零信号 clr 有效电平（低电平）到达时，并没有立刻清零，而是等清零有效电平到达后的下一时钟有效边沿到达时才使计数输出清零。该 VHDL 设计能实现预期的同步计数器的有关逻辑功能。

3. 硬件验证

以对 VHDL 程序进行硬件验证为例。

（1）下载实验验证。

① 选择器件：打开 MAX+plusⅡ，选择"Assign"→"Device"选项，在弹出的对话框中选择 ACEX1K 系列的"EP1K30TC144-1"。

② 引脚锁定：选择"Assign"→"Pin"→"Location"→"Chip"选项，出现对话框，在"Node Name"中分别输入引脚名称。clk 的引脚编号为 55；clr 的引脚编号为 68，对应于输入按键 KEY1；dire 的引脚编号为 67，对应于输入按键 KEY2；Q7～Q0 的引脚编号为 133、135、136、137、138、140、8、9，这些引脚编号分别对应输出 LED12～LED5。

③ 编译：选择"File"→"Project"→"Save&Compile"，即可对输入的 VHDL 程序进行编译。

④ 烧写：选择"Programmer"选项，在弹出的对话框内选择"Configure"进行烧写。烧入烧写文件后，EDA 实验箱即开始工作。

（2）观察实验结果

将时钟设为 1 Hz，VHDL 程序被载入芯片。将输入按键 KAEY1、KEY2 按下，8 个 LED 灯的亮灭即发生变化，且变化规律是以二进制递增的规律变化；当 KEY1 状态不变、KEY2 释放时，8 个 LED 灯的亮灭以二进制递减的规律变化；将按下的 KEY1 键也释放，则 8 个输出 LED 灯稍等即全灭。如果时钟频率增加，则 LED 灯几乎是同时全灭。

（3）实验结果解释

12 个输出 LED 与计数器的输出 Q 端相连，LED 灯的亮灭情况符合二进制数递增的规律，表明计数器确实在正常工作。

将输入按键 KEY1、KEY2 按下，相当于 clr 无效，dire="1"，因此计数器应递增变化，输出 LED 的变化情况说明计数器确实向递增方向计数；当 KEY1 状态不变、KEY2 释放时，相当于 clr 仍然无效，而 dire="0"，此时应递减计数，而输出 LED 的变化规律表明此时计数器确实作递减计数；将 KEY1 键也释放，相当于往 clr 端输入一个"0"电平，从而清零信号有效。

4. 功能拓展

对以上的可逆计数器进行功能扩展，将它扩展为"同步清零、使能且能预置计数起始值的可逆计数器"，下面给出了其参考程序及其仿真波形，以及对程序和仿真波形的简要说明。此外，还给出了异步清零可逆计数器的程序及其仿真波形的简要说明。

（1）功能拓展后的带同步清零端、同步使能端、同步预置数端的可逆计数器的 VHDL 描述。

```
library ieee;
use ieee.std_logic_1164.all;
use ieee.std_logic_unsigned.all;
entity countupdown is
 port (clk:in std_logic;
    clr,en,load:in std_logic;
    updown:in std_logic;
      din:in std_logic_vector (7 downto 0);
      q:buffer std_logic_vector (7 downto 0) );
end countupdown;
architecture a of countupdown is
begin
 process(clk)
 begin
   if clk'event and clk='1' then
      if clr='0' then
          q<="00000000";
```

```
            elsif en='1' then
                if load='1' then q<=din;
                elsif updown='1' then q<=q+1;
        else q<=q-1;
                end if;
            end if;
        end if;
      end process;
    end a;
```

图 4-33 为实体 countupdown（即同步清零、使能且能预置计数起始值的可逆计数器）的仿真结果。

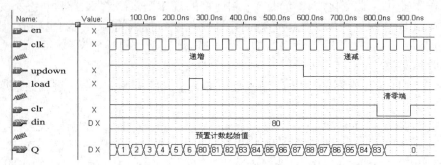

图 4-33 实体 countupdown 的仿真结果

以上程序与波形的说明如下：该程序在简单可逆计数器的基础上增加了几个控制端，这几个控制端都是时钟同步的。从仿真结果可以看出，在使能信号 en 有效期间，计数器可以正常计数；一旦 en="0"，计数器即停止计数，计数器的输出在 en="0" 期间保持不变。当 load 信号有效时（高电平），计数器的输出即变为预置数，并随后从该值开始进行计数。是递增计数还是递减计数，要看方向控制端 updown。当 updown="1" 期间，计数器递增计数，反之递减计数。

（2）将同步清零可逆计数器修改为异步清零可逆计数器的 VHDL 描述。

```
    library ieee;
    use ieee.std_logic_1164.all;
    use ieee.std_logic_unsigned.all;
    entity countyibu is
    port ( clk   : in std_logic;
           clr   : in std_logic;
           dire  : in std_logic;
       q     : buffer std_logic_vector（7 downto 0））;
    end countyibu;
    architecture a of countyibu is
    begin
    process (clk,clr)
        begin
            if clr='0' then
                q<="00000000";
            elsif clk'event and clk='1' then
                if dire='1' then
                    q<=q+1;
```

```
                    else
q<=q-1;
                        end if;
                    end if;
        end process;
    end a;
```

图 4-34 为实体 countyibu（即异步清零可逆计数器）的仿真结果。

图 4-34　实体 countyibu 的仿真结果

该程序与波形说明如下：从波形可以看出，当清零端有效时，不等时钟脉冲的上升到来，立刻使计数器输出清零，实现了异步清零的逻辑要求。

从异步清零可逆计数器的程序可以看出，设计异步控制信号时有两个基本点：必须把该异步控制信号放入进程的敏感信号表作为敏感信号；对该异步控制信号的判断语句应放到判断时钟有效边沿语句的前面，如本例中将"if clr='0' then q<="00000000";"置于语句"if clk'event and clk='1' then"之前。

附表 2：项目训练评定表

项目训练评价单	任务名称 （　　同步清零的可逆计数器　　）		姓　名		学　号	
检查人	检查开始时间	检查结束时间	评价开始时间		评价结束时间	
评　分　内　容		标准分值	自我评价（20%）	小组评价（30%）	教师评价（50%）	
1. 创建项目工程文件和 VHDL 文件		10				
2. VHDL 语言输入		20				
3. 指定器件型号、引脚锁定		20				
4. 保存、编译文件		14				
5. 生成波形文件并仿真		20				
6. 编程下载与配置		16				
总分（满分 100 分）：						
教师评语：						
被检查人签名	日期	组长签名		日期	教师签名	日期

※评定等级分为优秀（90 分以上）、良好（80 分以上）、及格（60 分以上）、不及格（60 分以下）。

◎ 项目练习

1. VHDL 程序填空

（1）下面程序是 1 位十进制计数器的 VHDL 描述，试补充完整。

```
library ieee;
use ieee._____.all;
use ieee.std_logic_unsigned.all;
entity cnt10 is
 port ( clk : in std_logic ;
        q   : out std_logic_vector (3 downto 0)) ;
end cnt10;
architecture bhv of _____ is
 signal q1 : std_logic_vector (3 downto 0);
begin
 process (clk)
     
     if _____ then -- 边沿检测
        if q1 > 10 then
           q1 <= (others => '0');         -- 置零
        else
           q1 <= q1 + 1 ;                 -- 加1
        end if;
     end if;
 end process ;
         ;
end bhv;
```

（2）下面程序是带异步复位、同步置数和移位使能的 8 位右移移位寄存器的 VHDL 描述，试补充完整。

```
library ieee;
use  ieee.std_logic_1164 .all;
use ieee.std_logic_unsigned.all;
entity sreg8b is
port ( clk, rst  : _____ std_logic;
       load,en   : in   std_logic;
       din       : in   std_logic_vector;
       qb        : out  std_logic);
end sreg8b;
architecture behav of _____ is
signal reg8 : std_logic_vector ( 7 downto 0);

process (clk, rst , load, en)
Begin
 if _____='1' then                   --异步清零
    reg8 <=  (others=>'0') ;
```

```
        elsif      clk'event and clk='1'    then             --边沿检测
            if load = '1' then                               --同步置数
                reg8 <= din;
            elsif      en='1' then                           --移位使能
                reg8（6 downto 0） <=  reg8（7 downto 1）;
            end if;
              ;
              ;
        qb <=reg8（0）;                                       --输出最低位
        end behav;
```

2. 编写程序

(1) 试编写具有异步复位/置位 D 触发器的 VHDL 程序。要求复位信号和置位信号都是高电平有效，时钟脉冲上升沿有效。置位优先于复位。

(2) 试编写带有异步置位/复位端的上升沿触发的 JK 触发器的 VHDL 示例程序。要求复位信号和置位信号都是高电平有效，时钟脉冲上升沿有效。

(3) 试用 VHDL 语言描述带使能端的十二进制计数器。

(4) 试用 VHDL 语言描述 8 位二进制加/减计数器。

(5) 试用 VHDL 语言描述 10 位通用寄存器。

项目 5　EDA 技术综合实践

◎ **项目剖析**

　　EDA 技术实践性强，它涉及知识面广，包含内容多。本项目通过一些数字系统 EDA 综合设计的典型案例，进一步训练 EDA 技术的实际工程应用，从而培养学生的实践创新能力。有关任务可以作为课程设计选题和课外科技活动训练项目。

◎ **技能目标**

　　通过本项目的学习，应达到以下技能目标：
　（1）学会分析数字系统的工作原理、设计要求和设计方案。
　（2）掌握模块化（原理图与文本混合）的设计方法。
　（3）了解数字系统的仿真方法。

任务 5.1　数字频率计的设计

5.1.1　设计要求与方案

1. 电路原理

　　所谓频率，就是周期性信号在单位时间（如 1s）内变化的次数。若在一定时间间隔 T（也称为闸门时间）内测得这个周期性信号重复变化的次数为 N，则其频率可表示为：

$$f = N/T$$

　　由上式可见，若 T 取 1s，则 $f=N$，但是这种频率计仅能测出频率大于或者等于 1Hz 的情况，且频率越高，精度也越高。在实际应用中，闸门的时间是可变化的，当频率低于 1Hz 时，闸门时间就要适当增大。

　　总之，测频的原理就是在单位时间内对被测信号进行计数。为了设计简单考虑，本例的闸门时间固定为 1s，只适合测量较高频率的信号。

2. 设计要求

　　利用 VHDL 设计一个数字频率计，使其具有如下基本功能：
　（1）能产生一个固定 1s 的闸门信号；
　（2）能对不同输入频率信号进行计数；
　（3）正确显示频率值。

3. 设计方案

　　数字频率计实质上就是对 1s 内通过的脉冲个数进行计数的电路，整个系统主要包括闸门信号发生器、计数器、锁存器和译码显示器等组成部分。数字频率计的系统组成框图如图 5-1 所示。

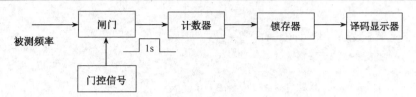

图 5-1 数字频率计的系统组成框图

5.1.2 模块设计及仿真

1. 各模块设计（VHDL）

（1）闸门信号发生器模块。闸门信号发生器用于产生测量频率的控制时钟脉冲。其中基准时钟 clk=1Hz，二分频后即可产生一个脉宽为 1s 的闸门信号 en。当 en 为高电平时，允许计数；当 en 由高电平变为低电平（即下降沿）时，计数器停止计数并产生一个锁存信号把计数结果锁存起来。锁存数据后，闸门信号 en 的下一个高电平到来之前，必须对计数器清零，以便为下一个基准时钟计数做准备。闸门信号发生器模块接口电路如图 5-2 所示，相应的 VHDL 程序如下：

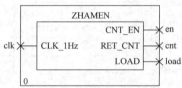

图 5-2 闸门信号发生器模块接口电路

```vhdl
    library ieee;
use ieee.std_logic_1164.all;
use ieee.std_logic_unsigned.all;
entity zhamen is
    port(clk_1Hz:in std_logic;              --1Hz基准时钟
         cnt_en:out std_logic;              --闸门控制信号
         ret_cnt: out std_logic;            --计数器清零信号
         load:out std_logic);               --锁存信号
end zhamen;
architecture aa of zhamen is
signal div2clk: std_logic;
begin
  process(clk_1Hz)
    begin
      if(clk_1Hz'event and clk_1Hz='1')then
      div2clk<=not div2clk;
end if;
end process;
process(clk_1Hz,div2clk)
begin
if clk_1Hz='0' and div2clk='0'then
  ret_cnt<='1'
else
  ret_cnt<='0'
end if;
```

```
             end process;
                   load<=not div2clk;
                   cnt_en<=div2clk;
             end aa;
```

图 5-3 为闸门信号发生器模块接口电路的仿真波形图。

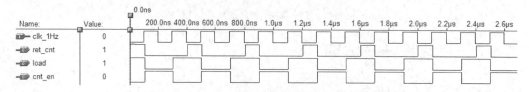

图 5-3　闸门信号发生器的仿真波形图

（2）十进制计数器模块。该计数器以待测频率信号作为时钟信号，当闸门信号 ena 为低电平时计数器清零；闸门信号 ena 为高电平时计数器开始计数。本例设计的是能测 10Hz 以内的频率计，如果需要测试频率更高的信号，则要将计数器的输出 outy 位数增加，当然锁存器的输出位数 cout 也要相应增加。十进制计数器模块如图 5-4 所示，相应的 VHDL 程序如下：

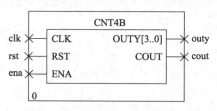

图 5-4　十进制计数器模块

```
library ieee;                                      --4位十进制加法计数器
use ieee.std_logic_1164.all;
use ieee.std_logic_unsigned.all;
entity cnt4b is
    port(clk:in std_logic;                         --待测频率脉冲信号
         rst:in std_logic;                         --计数器清零输入端
         ena:in std_logic;                         --闸门信号输入端
         outy:out std_logic_vector(3 downto 0);    --计数器输出端
         cout:out std_logic);                      --计数器向高位进位输出端
    end cnt4b;
architecture bb of cnt4b is
    signal cqi:std_logic_vector(3 downto 0);
begin
    process(clk,rst,ena)
      begin
        if rst='1'then
           cqi<="0000";
        elsif(clk'event and clk='1')then
          if(ena='1'and cqi<="1000")then
           cqi<=cqi+1;
          else
           cqi<="0000";
          end if;
        end if;
        outy<=cqi;
      end process;
```

```
      cout<=cqi(0) and cqi(3);
  end bb;
```

图 5-5 为十进制计数器的仿真波形图。

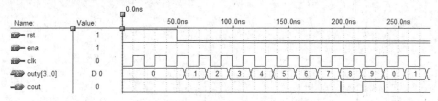

图 5-5　十进制计数器的仿真波形图

（3）锁存器模块。锁存器将计数器在一个基准时钟（clk 取 1Hz）内所计的被测频率脉冲数锁存起来，再由外部译码器驱动数码管进行显示。设置锁存器的好处是显示数据稳定，不会受周期性的清零信号影响而闪烁。锁存器模块如图 5-6 所示，相应的 VHDL 程序如下：

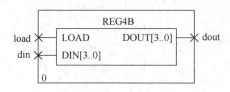

图 5-6　锁存器模块

```
library ieee;                                           --4位锁存器
use ieee.std_logic_1164.all;
entity reg4b is
    port(load:in std_logic;
        din:in std_logic_vector(3 downto 0);            --计数值输入端
        dout:out std_logic_vector(3 downto 0));         --计数值输出端
end reg4b;
architecture cc of reg4b is
begin
  process(load,din)
    begin
    if load'event and load='1'then
      dout<=din;                                        --时钟到来时，锁存输入数据
      end if;
    end process;
  end cc;
```

图 5-7 为锁存器的仿真波形图。

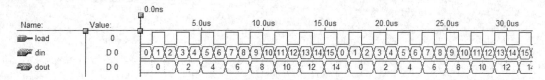

图 5-7　锁存器的仿真波形图

2. 顶层模块设计

将上述各底层模块按图 5-8 所示连接起来构成顶层模块，即完成了数字频率计的电路设计。图 5-8 中，F1Hz 为基准时钟；FIN 为待测频率信号；ge_wei[3..0]、shi_wei[3..0]、bai_wei[3..0]、qian_wei[3..0]分别为 4 个数码管显示输出。

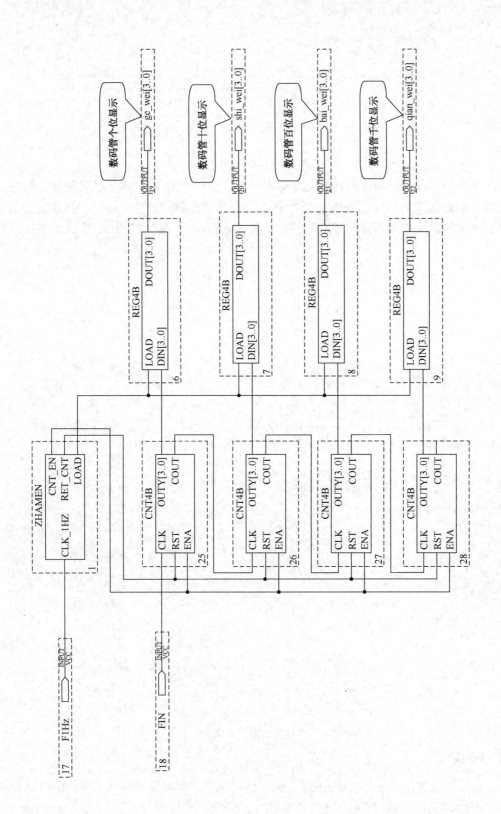

图 5-8 频率计的顶层模块

3. 仿真波形

频率计的 100Hz 和 1000Hz 频率仿真波形分别如图 5-9 和图 5-10 所示。

在图 5-9 中，F1Hz=1s，即设置 1Hz 为基准时钟信号；FIN=10ms，即待测信号频率为 100Hz，从锁存器输出的信号为：qian_wei[3..0]=0、bai_wei[3..0]=1、shi_wei[3..0]=0、ge_wei[3..0]=0，即转化成十进制后数码管显示为 0100，就是被测频率值 100Hz。

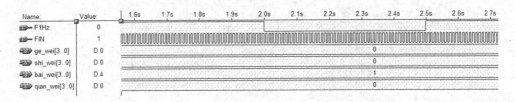

图 5-9　频率计 100Hz 的仿真波形图

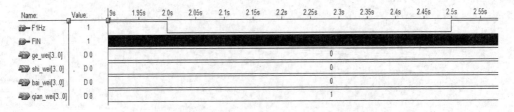

图 5-10　频率计 1000Hz 的仿真波形图

在图 5-10 中，F1Hz=1s，即设置 1Hz 为基准时钟信号；FIN=1ms，即待测信号频率为 1000Hz，从锁存器输出的信号为：qian_wei[3..0]=1、bai_wei[3..0]=0、shi_wei[3..0]=0、ge_wei[3..0]=0，即转化成十进制后数码管显示为 1000，就是被测频率值 1000Hz。

5.1.3　VHDL 一体化程序设计

所谓 VHDL 一体化程序设计，就是不划分各个功能模块，而是用一个完整的 VHDL 程序完成电路系统的设计，频率计的一体化程序如下。

```vhdl
library ieee;
use ieee.std_logic_1164.all;
use ieee.std_logic_unsigned.all;
entity freq is
    port(fsin:in std_logic;                                --待测信号
        clk: in std_logic;                                 --1Hz基准时钟
        dout:out std_logic_vector(15 downto 0));   --锁存后的数据，显示在数码管上
end freq;
architecture a of freq is
    signal en: std_logic;                                  --测试使能
    signal clear: std_logic;                               --计数清零
    signal data: std_logic_vector(15 downto 0);            --计数值
begin
    process(clk)
    begin
```

```
              if clk'event and clk='1'then en<=not en;
              end if;
           end process;
           clear<=not clk and not en;
           process(fsin)
    begin
       if clear='1'then data<="0000000000000000";
       elsif fsin'event and fsin='1'then
          if data(11 downto 0)= "100110011001"
          then data<=data+"011001100111";
    elsif data(7 downto 0)= "10011001"then data<=data+"01100111";
              elsif data(3 downto 0)= "1001" then data<=data+"0111";
              elsif data<=data+'1';
           end if;
         end process;
         process(en,data)
         begin
            if en'event and en='0'then dout<=data;
            end if;
         end process;
         end a;
```

注意：锁存器的位数与计数器的位数要保持一致。

任务 5.2 数字钟的设计

5.2.1 设计要求与方案

1. 电路原理

数字钟是一个典型的数字系统，其设计与实现方法较多。数字钟的基本结构就是各种进制计数器和译码/显示电路的组合，如24/12进制、60进制计数器等，在此基础上再辅以其他逻辑控制电路，如时间校正/复位电路、报时电路等，从而构成了具有实用功能的数字钟。

2. 设计要求

利用VHDL设计一个数字电子钟，使其具有如下基本功能：
（1）能够实现时、分、秒计时并以数字形式显示，时、分、秒各占2位；
（2）能够通过按键校正时间和复位；
（3）能够输出用于6位数码管动态扫描显示的控制信息；
（4）小时为24进制，分和秒为60进制；
（5）具有整点报时功能。

3. 设计方案

数字电子钟是对一个标准的秒信号（1Hz）进行计数并显示的电路，整个系统主要包括秒信号发生器、秒计数器、分计数器、时计数器、译码及扫描显示电路、校时电路和报时电路等组成部分。数字钟的系统组成框图如图 5-11 所示。

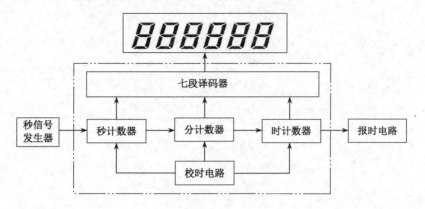

图 5-11 数字钟的系统组成框图

5.2.2 模块设计及仿真

1. 各模块设计（VHDL）

（1）分频模块。在数字钟系统的设计过程中，要用到两个频率的脉冲信号：1Hz 脉冲作为秒计数信号，1kHz 脉冲作为动态扫描信号，同时也作为报时信号的频率。这里以 10MHz 的系统工作频率经过分频得到这两个信号。分频模块接口电路如图 5-12 所示，相应的 VHDL 程序如下：

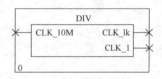

图 5-12 分频模块

```
library ieee;
use ieee.std_logic_1164.all;
use ieee.std_logic_unsigned.all;
use ieee.std_logic_arith.all;
entity div is
port(
      clk_10m:in std_logic;                --10MHz信号端口
      clk_1k,clk_1:out std_logic);         --1kHz、1Hz信号端口
end div;
architecture rtl of div is
  signal cnt1:integer range 0 to 49999;
  signal cnt2:integer range 0 to 499;
  signal tclk1k,tclk1:std_logic;
begin                       --对10MHz脉冲进行10000分频，得到1kHz脉冲
  clk_1k<=tclk1k;
  clk_1<=tclk1;
  process(clk_10m)
     begin
        if clk_10m'event and clk_10m='1' then
           if cnt1=49999 then
              cnt1<=0;
              tclk1k<=not tclk1k;    --取反,2分频得到1kHz方波脉冲
```

```
                else
                    cnt1<=cnt1+1;
                end if;
            end if;
    end process;
    process(tclk1k)
        begin                          --对1kHz的脉冲进行1000分频,得到1Hz脉冲
            if tclk1k'event and tclk1k='1' then
                if cnt1=499 then
                    cnt2<=0;
                    tclk1<=not tclk1;    --取反,2分频得到1Hz方波脉冲
                else
                    cnt2<=cnt2+1;
                end if;
            end if;
    end process;
end rtl;
```

(2)秒计数器模块(60 进制)。秒计数模块实质上是一个 60 进制计数器。clk 作为秒计数模块的输入时钟信号,reset 为复位端口,bcdge、bcdshi 分别为秒计数器的个位和十位 BCD 码输出端口,co 为进位输出端,为分计数器提供计数脉冲。其外部接口电路如图 5-13 所示,相应的 VHDL 程序如下:

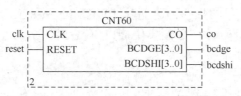

图 5-13 秒计数模块

```
library ieee;
use ieee.std_logic_1164.all;
use ieee.std_logic_unsigned.all;
use ieee.std_logic_arith.all;
entity cnt60 is
port(
    clk,reset:in std_logic;                       --clk:1Hz脉冲,reset:复位端口
    co:out std_logic;                             --60进制计数器进位端口
    bcdge,bcdshi:out std_logic_vector(3 downto 0));--计数器个位和十位输出端口
end cnt60;
architecture rtl of cnt60 is
    signal bcdget,bcdshit:std_logic_vector(3 downto 0);--定义信号量
begin
    bcdge<=bcdget;
    bcdshi<=bcdshit;
    process(clk,reset)                            --计数器个位计数
        begin
            if reset='1' then bcdget<="0000";     --复位端有效,个位输出为0
            elsif clk'event and clk='1' then      --时钟上升沿有效
```

```
                    if bcdget="1001" then        --计数器个位为9时,重新回0
                        bcdget<="0000";
                    else                          --否则自动累加1
                        bcdget<=bcdget+1;
                    end if;
                end if;
        end process;
        process(clk,reset)                        --计数器十位计数
            begin
                if reset='1' then bcdshit<="0000";  --复位端有效,十位输出为0
                elsif clk'event and clk='1' then
                    if bcdget="1001" then         --计数器个位为9时
                        if bcdshit<5 then         --十位小于5时,十位累加1
                            bcdshit<=bcdshit+1;
                        else                       --十位为5时,十位回0
                            bcdshit<="0000";
                        end if;
                    end if;
                end if;
        end process;
        process(clk,bcdget,bcdshit)               --进位处理进程
        begin
          if clk'event and clk='1' then
            if bcdget="1001" and bcdshit="0101" then  --当十位为5,个位为9时,进位为1
                co<='1';
            else
                co<='0';                          --其余为0
            end if;
          end if;
        end process;
    end rtl;
```

（3）分计数器模块（60 进制）。跟秒计数器模块一样，分计数器模块也是一个 60 进制计数器，VHDL 程序同秒计数器。

（4）小时计数器模块（24 进制）。小时计数模块实质上是一个 24 进制计数器。clk 作为小时计数模块的输入时钟信号，reset 为复位端口，bcdge、bcdshi 分别为小时计数器的个位和十位 BCD 码输出端口，其外部接口电路如图 5-14 所示，相应的 VHDL 程序如下：

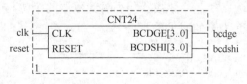

图 5-14　小时计数器模块

```
library ieee;
use ieee.std_logic_1164.all;
use ieee.std_logic_unsigned.all;
use ieee.std_logic_arith.all;
```

```
entity cnt24 is
port(
    clk,reset:in std_logic;                        --clk:时计数脉冲，reset:复位端口
    bcdge,bcdshi:out std_logic_vector(3 downto 0));--时计数器的个位和十位输出
end cnt24;
architecture rtl of cnt24 is
 signal bcdget,bcdshit:std_logic_vector(3 downto 0);
begin
bcdge<=bcdget;
bcdshi<=bcdshit;
process(clk,reset)
  begin
    if reset='1' then
      bcdget<="0000"; bcdshit<="0000";         --复位端有效，计数器个位、十位输出为0
         elsif clk'event and clk='1' then       --否则时钟上升沿有效时
           if bcdget="0011" and bcdshit="0010" then  --若计数达23，个位、十位均回0
             bcdget<="0000";bcdshit<="0000";
           elsif bcdget="1001" then              --否则如果个位输出为9时
             bcdget<="0000";                     --个位回0，十位加1
             bcdshit<=bcdshit+1;
           else                                  --否则个位加1，十位保持不变
             bcdget<=bcdget+1;
               end if;
           end if;
  end process;
 end rtl;
```

（5）数码管扫描显示模块。根据数字钟的显示要求，本设计需要 6 个数码管。数码管可分为共阴极和共阳极两种类型，显示方式一般有两种：静态显示和动态显示。

所谓静态显示，是指显示某一数字时，数码管的相应段恒定地导通（亮）或截止（灭）。由于这种显示方式为 6 个数码管同时显示，要求每一个数码管都需要一个七段译码器来驱动，占用 I/O 资源较多，因此不常采用。实际工程中多数采用的是动态显示方式。

所谓动态显示，是指轮流点亮各个数码管，即将所有数码管的段输入信号连接在一起，通过位控信号选通其中一个数码管并把段数据写入，因此每一时刻只有一个数码管在显示。为了能持续看到数码管显示的内容，必须对数码管进行动态扫描，即依次并循环点亮各个数码管。利用人眼的视觉惰性和 LED 的余辉效应，在合适的扫描频率下，就会看到多个数码管同时显示的结果。

动态扫描显示模块接口电路如图 5-15 所示。其中 clk 为动态扫描信号，din0、din1、din2、din3、din4、din5 分别为秒计数器、分计数器和小时计数器的个位与十位 BCD 码输入信号，sg 为七段数码管的段码输出，bt 为数码管的位控信号。

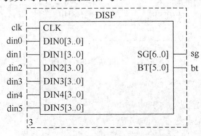

图 5-15 动态扫描显示模块

```vhdl
library ieee;
use ieee.std_logic_1164.all;
use ieee.std_logic_unsigned.all;
use ieee.std_logic_arith.all;
entity disp is
port(
        clk:in std_logic;                              --动态扫描时钟,这里选择1kHz
        din0,din1,din2,din3,din4,din5:in std_logic_vector(3 downto 0);
                                                       --待显示的6个BCD码数
      sg:out   std_logic_vector(6 downto 0);   --数码管的段控端
      bt:out   std_logic_vector(5 downto 0);   --数码管的位控端
 );
end entity disp;
architecture rtl of disp is
 signal s:std_logic_vector(2 downto 0);    --信号量,6个数码管轮流计数值
 signal num:std_logic_vector(3 downto 0);
begin
 p1:process(clk)
 begin                                             --六进制计数器
     if clk'event and clk='1' then
        if s="101" then
           s<="000";
        else
           s<=s+1;
        end if;
     end if;
 end process p1;
 p2:process(s,din0,din1,din2,din3,din4,din5)
 begin
     if    s="000" then bt<="111110";num<=din0;  --数码管显示din0的值
       elsif s="001" then bt<="111101";num<=din1; --数码管显示din1的值
       elsif s="010" then bt<="111011";num<=din2; --数码管显示din2的值
       elsif s="011" then bt<="110111";num<=din3; --数码管显示din3的值
       elsif s="100" then bt<="101111";num<=din4; --数码管显示din4的值
       elsif s="101" then bt<="011111";num<=din5; --数码管显示din5的值
       else bt<="111111";num<="1111";
    end if;
 end process p2;
 sg<="0111111" when num="0000" else
     "0000110" when num="0001" else
     "1011011" when num="0010" else
     "1001111" when num="0011" else
     "1100110" when num="0100" else
     "1101101" when num="0101" else
     "1111101" when num="0110" else
     "0000111" when num="0111" else
     "1111111" when num="1000" else
     "1101111" when num="1001" else
```

```
        "1110111" when num="1010" else
        "1111100" when num="1011" else
        "0111001" when num="1100" else
        "1011110" when num="1101" else
        "1111001" when num="1110" else
        "1110001" when num="1111" else
        "0000000";
    end rtl;
```

（6）校时模块（数据选择器）。校时模块实质上是一个 2 选 1 数据选择器。用于校正时钟的走时偏差。其外部接口电路如图 5-16 所示，相应的 VHDL 程序如下：

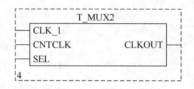

图 5-16 校时模块

```
library ieee;
use ieee.std_logic_1164.all;
use ieee.std_logic_unsigned.all;
use ieee.std_logic_arith.all;
entity t_mux2 is
port(
    clk_1,cntclk:in std_logic;   --校时脉冲（秒脉冲）和计数脉冲（秒进位）输入端
    sel:in std_logic;             --校时电路选择端
    clkout:out std_logic);        --计数脉冲输出端
end t_mux2;
architecture rtl of t_mux2 is
begin
  process(sel,clk_1,cntclk)      --2选1电路
     begin
        if sel='1' then
            clkout<=cntclk;
        else
            clkout<=clk_1;
        end if;
  end process;
end rtl;
```

（7）报时模块。当时钟到达整点时，扬声器发出报警信号。该模块采用一个与门电路即可实现，当分进位 co 输出脉冲为高电平 1 时，扬声器即响起。

2. 顶层模块设计

将上述各底层模块按图 5-17 所示连接起来构成顶层模块，即完成了数字钟的电路设计。

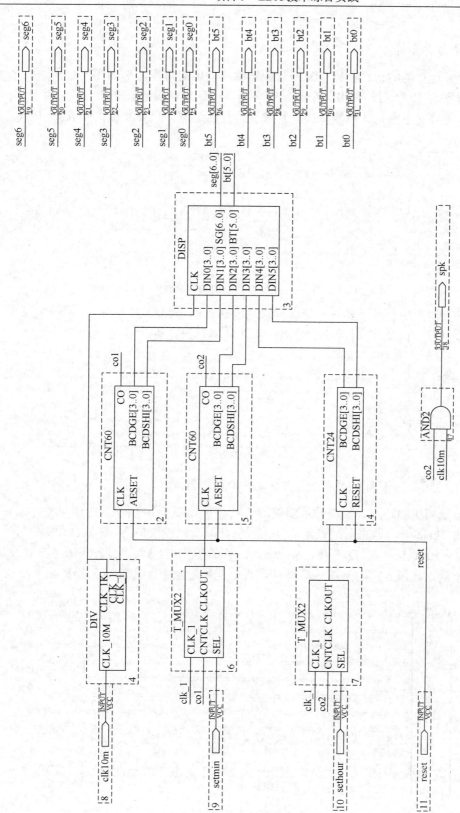

图 5-17 数字钟的顶层模块

3. 主要模块仿真分析

（1）秒（分）计数器的仿真。秒（分）计数器脉冲输出的仿真波形如图 5-18 所示。由图可见，当计数值到达 59 之后，再来一个时钟上升沿，计数器从零重新开始计数，并且 co 输出一个上升沿，为分（小时）计数器提供时钟脉冲。任何时刻，只要复位信号 reset 有效，计数器归 0。

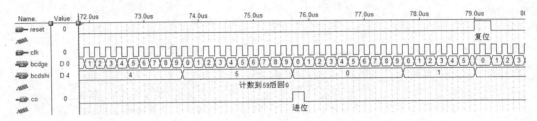

图 5-18　秒（分）计数器脉冲输出的仿真波形

（2）小时计数器的仿真。小时计数器脉冲输出的仿真波形如图 5-19 所示。由图可见，当计数值到达 23 之后，再来一个时钟的上升沿，重新从零开始计数。

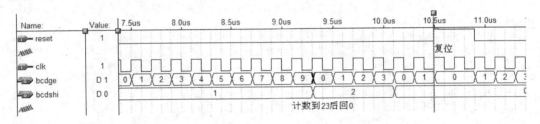

图 5-19　小时计数器脉冲输出的仿真波形

（3）扫描显示模块的仿真。扫描显示模块的仿真波形如图 5-20 所示。由图可见，当扫描脉冲信号频率为 1kHz 时，若将时间设定为 18:24:53，那么位控端口 bt 按 111110→111101→111011→110111→101111→011111 变化，段控端口 sg 依次输出"3"、"5"、"4"、"2"、"8"、"1"的 7 段显示码，经过 6 个时钟信号后循环进行，实际看起来所有的数码管都在亮。

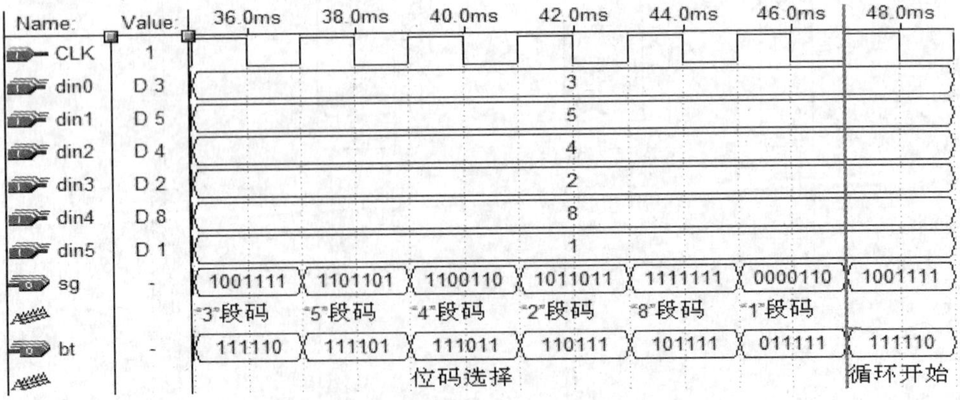

图 5-20　扫描显示模块的仿真波形

项目 5　EDA 技术综合实践

任务 5.3　抢答器的设计

5.3.1　设计要求与方案

1. 电路原理

抢答器的主要功能是在各种比赛活动中准确、公正、直观地判断出第一抢答者，并通过数显、灯光及音响等多种手段指示出第一抢答者。同时，还可以设置计分、犯规及奖惩计录等多种功能。

2. 设计要求

（1）设计制作一个可容纳四组参赛者的数字智力抢答器，每组设置一个抢答按钮供抢答者使用。

（2）电路具有第一抢答信号的鉴别和锁存功能。

（3）设置计分电路。

（4）设置犯规电路。

3. 设计方案

根据以上的分析，可将整个系统分为三个主要模块：抢答鉴别模块 QDJB；抢答计时模块 JSQ；抢答计分模块 JFQ。对于需显示的信息，需增加或外接译码器，进行显示译码。考虑到 FPGA/CPLD 的可用接口及一般 EDA 实验开发系统提供的输出显示资源的限制，这里将组别显示和计时显示的译码器内设，而将各组的计分显示的译码器外接。整个系统的组成框图如图 5-21 所示。

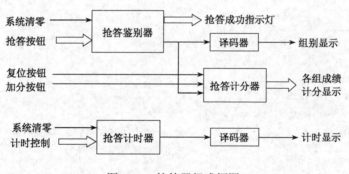

图 5-21　抢答器组成框图

5.3.2　模块设计及仿真

1. 各模块设计（VHDL）

（1）抢答鉴别模块 QDJB。

```
library ieee;
use ieee.std_logic_1164.all;
entity QDJB is
  port(clr: in std_logic;
```

```vhdl
        a, b, c, d:  in std_logic;
        a1,b1,c1,d1:  out std_logic;
        states:  out std_logic_vector(3 downto 0));
end entity QDJB;
architecture aa of QDJB is
  constant w1:  std_logic_vector: ="0001";
  constant w2:  std_logic_vector: ="0010";
  constant w3:  std_logic_vector: ="0100";
  constant w4:  std_logic_vector: ="1000";
  begin
  process(clr,a,b,c,d) is
  begin
if clr='1' then states<="0000";
    elsif (a='1'and b='0'and c='0'and d='0') then
      a1<='1';  b1<='0';  c1<='0';  d1<='0'; states<=w1;
    elsif (a='0'and b='1'and c='0'and d='0') then
      a1<='0';  b1<='1';  c1<='0';  d1<='0'; states<=w2;
    elsif (a='0'and b='0'and c='1'and d='0') then
      a1<='1';  b1<='0';  c1<='1';  d1<='0'; states<=w3;
    elsif (a='0'and b='0'and c='0'and d='1') then
      a1<='0';  b1<='0';  c1<='0';  d1<='1'; states<=w4;
    end if;
  end process;
end architecture aa;
```

（2）抢答计分模块 JFQ。

```vhdl
    library ieee;
use ieee.std_logic_1164.all;
use ieee.std_logic_unsigned.all;
entity JFQ is
   port(rst: in std_logic;
      add: in std_logic;
      chos: in std_logic_vector(3 downto 0);
      aa2,aa1,aa0,bb2,bb1,bb0: out std_logic_vector(3 downto 0);
cc2,cc1,cc0,dd2,dd1,dd0: out std_logic_vector(3 downto 0));
end entity JFQ ;
architecture bb of JFQ is
  begin
  process(rst,add,chos) is
    variable points_a2,points_a1: std_logic_vector(3 downto 0);
    variable points_b2,points_b1: std_logic_vector(3 downto 0);
    variable points_c2,points_c1: std_logic_vector(3 downto 0);
    variable points_d2,points_d1: std_logic_vector(3 downto 0);
  begin
    if (add'event and add='1')  then
      if rst='1' then
        points_a2: ="0001"; points_a1: ="0000";
        points_b2: ="0001"; points_b1: ="0000";
```

```
            points c2: ="0001"; points c1: ="0000";
            points d2: ="0001"; points d1: ="0000";
        elsif chos="0001" then
if points a1="1001" then
            points a1: ="0000";
            if points a2="1001" then
                points a2: ="0000";
            else
                points a2: =points a2+'1';
            end if;
        else
            points a1: =points a1+'1';
        end if;
        elsif chos="0010" then
if points b1="1001" then
            points b1: ="0000";
            if points b2="1001" then
                points b2: ="0000";
            else
                points b2: =points b2+'1';
            end if;
        else
            points b1: =points b1+'1';
        end if;
elsif chos="0100" then
        if points c1="1001" then
            points c1: ="0000";
            if points c2="1001" then
                points c2: ="0000";
            else
                points c2: =points c2+'1';
            end if;
        else
            points c1: =points c1+'1';
        end if;
elsif chos="1000" then
        if points d1="1001" then
            points d1: ="0000";
            if points d2="1001" then
                points d2: ="0000";
            else
                points d2: =points d2+'1';
            end if;
        else
            points d1: =points d1+'1';
end if;
    end if;
    end if;
```

```
         aa2<=points a2; aa1<=points a1; aa0<="0000";
         bb2<=points b2; bb1<=points b1; bb0<="0000";
         cc2<=points c2; cc1<=points c1; cc0<="0000";
         dd2<=points d2; dd1<=points d1; dd0<="0000";
       end process;
    end architecture bb;
```

(3) 抢答计时模块 JSQ。

```
   library ieee;
   use ieee.std_logic_1164.all;
   use ieee.std_logic_unsigned.all;
   entity JSQ is
     port(clr,ldn,en,clk: in std_logic;
          ta,tb: in std_logic;
          qa: out std_logic_vector(3 downto 0);
          qb: out std_logic_vector(3 downto 0));
   end entity JSQ;
   architecture cc of JSQ is
     signal da: std_logic_vector(3 downto 0);
     signal db: std_logic_vector(3 downto 0);
     begin
     process(ta,tb,clr) is
       begin
       if clr='1' then
        da<="0000";
        db<="0000";
        else
   if ta='1' then
        da<=da+'1' ;
       end if;
        if tb='1' then
         db<=db+'1';
       end if;
      end if;
     end process;
    process(clk) is
      variable tmpa: std_logic_vector(3 downto 0);
      variable tmpb: std_logic_vector(3 downto 0);
   begin
         if clr='1' then tmpa: ="0000"; tmpb: ="0110";
         elsif clk'event and clk='1' then
            if ldn='1' then tmpa: =da; tmpb: =db;
            elsif en='1' then
               if tmpa="0000" then
                 tmpa: ="1001";
                  if tmpb="0000" then tmpb: ="0110";
                  else tmpb: =tmpb-1;
   end if;
```

```
            else tmpa: =tmpa-1;
          end if;
       end if;
     end if;
     qa<=tmpa; qb<=tmpb;
   end process;
end architecture cc;
```

(4) 译码器电路 YMQ。

```
library ieee;
use ieee.std_logic_1164.all;
use ieee.std_logic_unsigned.all;
entity YMQ is
  port(ain4: in std_logic_vector(3 downto 0);
       dout7:  out std_logic_vector(6 downto 0));
end YMQ;
architecture dd of YMQ is
begin
  process(ain4)
    begin
    case ain4 is
    when "0000"=>dout7<="0111111";     --0
    when "0001"=>dout7<="0000110";     --1
    when "0010"=>dout7<="1011011";     --2
    when "0011"=>dout7<="1001111";     --3
    when "0100"=>dout7<="1100110";     --4
    when "0101"=>dout7<="1101101";     --5
    when "0110"=>dout7<="1111101";     --6
    when "0111"=>dout7<="0000111";     --7
    when "1000"=>dout7<="1111111";     --8
    when "1001"=>dout7<="1101111";     --9
    when others=>dout7<="0000000";
    end case;
  end process;
end architecture dd;
```

2. 顶层模块设计

将上述各底层模块按图 5-22 所示连接起来构成顶层模块，即完成了抢答器的电路设计。

在图 5-22 中，系统的输入信号有：各组的抢答按钮 A、B、C、D，系统清零信号 CLR，系统时钟信号 CLK，计分复位端 RST，加分按钮端 ADD，计时预置控制端 LDN，计时使能端 EN，计时预置数据调整按钮 TA、TB；系统的输出信号有：四个组抢答成功与否的指示灯控制信号输出口 LEDA、LEDB、LEDC、LEDD；四个组抢答时的计时数码显示控制信号若干，抢答成功组别显示的控制信号若干，各组计分动态显示的控制信号若干。

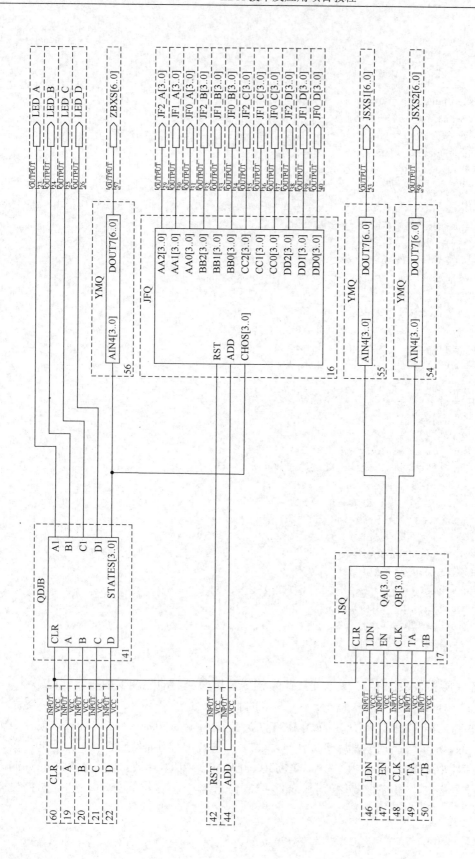

图 5-22 抢答器的顶层模块

3. 主要模块仿真分析

抢答器各主要模块仿真的结果分别如图 5-23～图 5-26 所示。

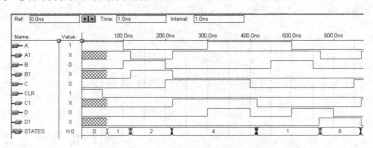

图 5-23　抢答鉴别电路仿真波形

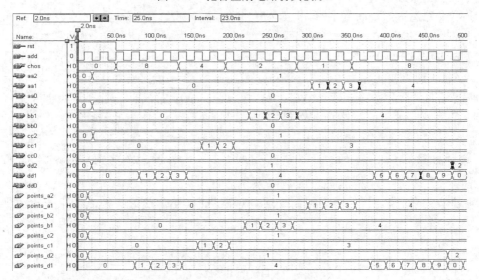

图 5-24　计分器电路仿真波形

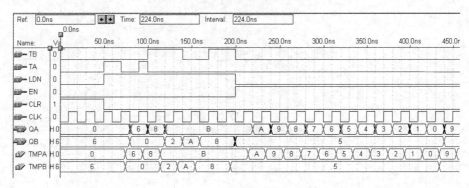

图 5-25　计时器电路仿真波形

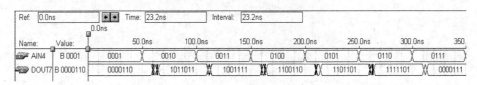

图 5-26　译码器电路仿真波形

任务 5.4 交通灯控制器的设计

5.4.1 设计要求与方案

1. 电路原理

交通灯控制器是一个典型的纯数字系统，它能控制十字路口甲、乙两条道路的红、黄、绿三色灯，指挥车辆和行人安全通行。交通灯控制器组成框图如图 5-27 所示，其中 R1、Y1、G1 是甲道的红、黄、绿灯；R2、Y2、G2 是乙道的红、黄、绿灯。

交通灯控制器由控制器和受其控制的 3 个定时器以及 6 个交通灯组成。图 5-27 中 3 个定时器分别确定甲道和乙道通行时间 t_3、t_1 以及公共的停车（黄灯亮）时间 t_2。这 3 个定时器采用以秒信号为时钟的计数器来实现，C1、C2、C3 分别是这些定时器的工作使能信号，即当 C1、C2、C3 为 1 时，相应的定时器开始计数，W1、W2、W3 为定时计数器的指示信号，计数器在计数过程中，相应的指示信号为 0，计数结束时为 1。

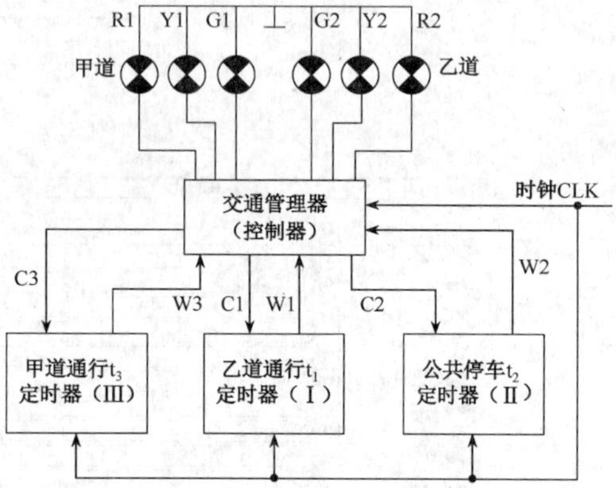

2. 设计思路

交通灯控制器是一个控制类型的数字系统，在此按照功能要求，即常规的十字路口交通管理器规则，给出交通灯控制器工作流程如图 5-28 所示。

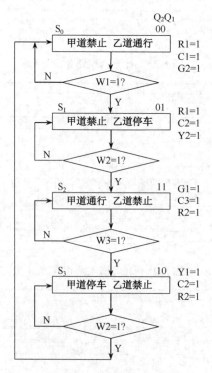

图 5-27 交通灯控制器组成框图

图 5-28 交通灯控制器工作流程

5.4.2 模块设计及仿真

1. 各模块设计（VHDL）

系统由控制器和 3 个定时计数器组成，3 个定时计数器的模分别为 30、26 和 5。

（1）控制器模块。控制器模块电路如图 5-29 所示，相应的 VHDL 程序如下：

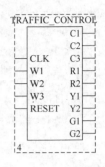

图 5-29 控制器模块

```vhdl
library ieee;
use ieee.std_logic_1164.all;
entity traffic_control is
  port(clk:in std_logic;
        c1,c2,c3:out std_logic;        --各定时计数器的使能信号
        w1,w2,w3:in std_logic;         --各定时计数器的工作信号
        r1,r2:out std_logic;           --两个方向的红灯信号
        y1,y2:out std_logic;           --两个方向的黄灯信号
        g1,g2:out std_logic;           --两个方向的绿灯信号
        reset:in std_logic);           --复位信号
end traffic_control;
architecture behave of traffic_control is
  type state_space is (s0,s1,s2,s3);
  signal state:state_space;
begin
process(clk)
  begin
    if reset='1' then
      state<=s0;
    elsif(clk'event and clk='1')then
      case state is
        when s0=>if w1='1' then         --条件信号赋值语句
              state<=s1;
            end if;
        when s1=>if w2='1' then
              state<=s2;
              end if;
        when s2=>if w3='1' then
              state<=s3;
              end if;
        when s3=>if w2='1' then
              state<=s0;
              end if;
        end case;
      end if;
end process;
c1<='1' when state=s0 else'0';
c2<='1' when state=s1 or state=s3 else'0';
c3<='1' when state=s2 else'0';
```

```
    r1<='1' when state=s1 or state=s0 else'0';
    y1<='1' when state=s3 else'0';
    g1<='1' when state=s2 else'0';
    r2<='1' when state=s2 or state=s3 else'0';
    y2<='1' when state=s1 else'0';
    g2<='1' when state=s0 else'0';
    end behave;
```

控制器模块电路仿真波形如图 5-30 所示,可见有四个控制状态 S_0、S_1、S_2、S_3 交替出现变化。

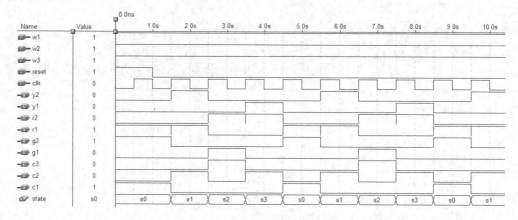

图 5-30 控制器电路仿真波形

(2) 30s 定时器模块。30s 定时器模块电路如图 5-31 所示,相应的 VHDL 程序如下:

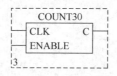

图 5-31 30s 定时器模块

```
library ieee;
use ieee.std_logic_1164.all;
entity count30 is
  port(clk :in std_logic;          --计数时钟
       enable:in std_logic;         --使能信号
       c:out std_logic);            --进位输出信号
end count30;
architecture behave of count30 is
begin
  process(clk)
    variable cnt:integer range 30 downto 0;
    begin
      if (clk'event and clk='1')then
        if enable='1' and cnt<30 then
          cnt:=cnt+1;
    else
        cnt:=0;
```

```
            end if;
          end if;
       if cnt=30 then
          c<='1';
       else
          c<='0';
       end if;
    end process;
end behave;
```

30s 定时器模块电路仿真波形如图 5-32 所示，设计数时钟脉冲周期为 1s，当计数值到 30 时产生进位输出信号。

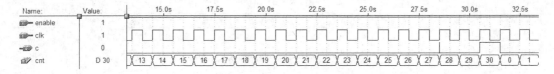

图 5-32　30s 定时器电路仿真波形

（3）26s 定时器模块。26s 定时器模块电路如图 5-33 所示，相应的 VHDL 程序如下：

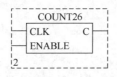

图 5-33　26s 定时器模块

```
library ieee;
use ieee.std_logic_1164.all;
entity count26 is
  port(clk :in std_logic;
       enable:in std_logic;
       c:out std_logic);
end count26;
architecture behave of count26 is
begin
  process(clk)
    variable cnt:integer range 26 downto 0;
    begin
      if (clk'event and clk='1')then
        if enable='1' and cnt<26 then
           cnt:=cnt+1;
  else
           cnt:=0;
         end if;
       end if;
     if cnt=26 then
```

```
            c<='1';
         else
            c<='0';
         end if;
      end process;
end behave;
```

26s 定时器模块电路仿真波形如图 5-34 所示，设计数时钟脉冲周期为 1s，当计数值到 26 时产生进位输出信号。

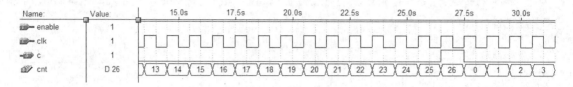

图 5-34 26s 定时器电路仿真波形

（4）5s 定时器模块。5s 定时器模块电路如图 5-35 所示，相应的 VHDL 程序如下：

图 5-35 5s 定时器模块

```
library ieee;
use ieee.std_logic_1164.all;
entity count05 is
  port(
      clk :in std_logic;
      enable:in std_logic;
      c:out std_logic);
end count05;
architecture behave of count05 is
begin
  process(clk)
    variable cnt:integer range 5 downto 0;
    begin
      if (clk'event and clk='1')then
          if enable='1' and cnt<5 then
            cnt:=cnt+1;
    else
            cnt:=0;
          end if;
        end if;
      if cnt=5 then
         c<='1';
```

```
        else
           c<='0';
        end if;
     end process;
  end behave;
```

5s 定时器模块电路仿真波形如图 5-36 所示,设计数时钟脉冲周期为 1s,当计数值到 5 时便产生进位输出信号。

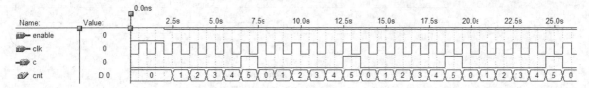

图 5-36 5s 定时器电路仿真波形

2. 顶层模块设计

将上述 4 个模块按图 5-37 所示连接起来便构成顶层模块,即完成了交通灯控制器的电路设计。

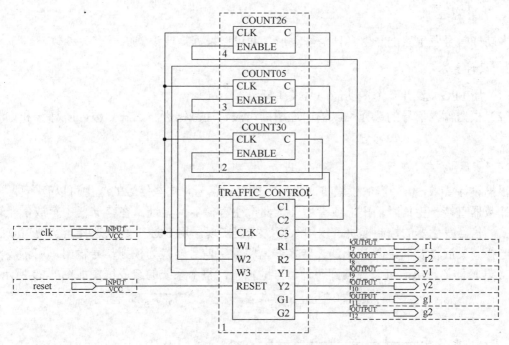

图 5-37 交通灯控制器顶层电路

3. 系统仿真

交通灯控制器顶层电路的仿真波形如图 5-38 所示,由仿真波形可见甲、乙道的红、黄、绿灯状态均符合设计要求。

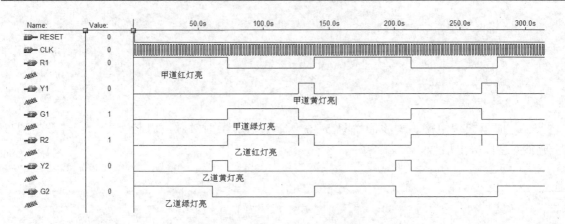

图 5-38 交通灯控制器顶层电路的仿真波形

任务 5.5 多功能信号发生器的设计

5.5.1 设计要求与方案

1. 电路原理

多功能信号发生器能产生多种信号波形，并可以根据需要设置信号有关参数。

2. 设计要求

（1）用 FPGA 设计一个多功能信号发生器。

（2）根据输入信号的选择可以输出递增锯齿波、递减锯齿波、三角波、阶梯波和方波 5 种信号。

3. 设计方案

根据设计要求，信号产生模块将产生所需的各种信号，这些信号的产生可以有多种方式，如用计数器直接产生信号输出，或者用计数器产生存储器的地址，在存储器中存放信号输出的数据。信号发生器的控制模块可以用数据选择器实现，用 8 选 1 数据选择器实现对 5 种信号的选择。最后将波形数据送入 D/A 转换器，将数字信号转换为模拟信号输出。用示波器测试 D/A 转换器的输出，可以观测到 5 种信号的输出。整个系统的组成框图如图 5-39 所示。

图 5-39 多功能信号发生器组成框图

5.5.2 模块设计及仿真

1. 各模块设计（VHDL）

（1）递增锯齿波模块。递增锯齿波模块电路如图 5-40 所示，相应的 VHDL 程序如下：

项目 5　EDA 技术综合实践

```
          ┌─────────────┐
          │   SIGNAL1   │
          │ CLK  Q[7..0]│
          │ RESET       │
          └─────────────┘
```

图 5-40　递增锯齿波模块

```vhdl
library ieee;
use ieee.std_logic_1164.all;
use ieee.std_logic_unsigned.all;
entity signal1 is                              --递增锯齿波signal1
    port(clk,reset:in std_logic;               --复位信号reset,时钟信号clk
         q:out std_logic_vector(7 downto 0));  --输出信号q
end signal1;
architecture a of signal1is
begin
process(clk,reset)
variable tmp:std_logic_vector(7 downto 0);
begin
if reset='0' then
  tmp:="00000000";
elsif clk'event and clk='1'then
  if tmp="11111111"then
    tmp:="00000000";
    else
    tmp:=tmp+1;                                --递增信号的变化
    end if;
end if;
q<=tmp;
end process;
end a;
```

递增锯齿波模块电路仿真波形如图 5-41 所示，可见输出的数字信号为递增规律变化。

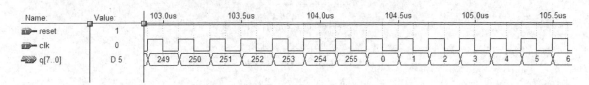

图 5-41　递增锯齿波模块的仿真波形

（2）递减锯齿波模块。递减锯齿波模块电路如图 5-42 所示，相应的 VHDL 程序如下：

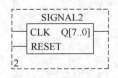

图 5-42　递减锯齿波模块

```vhdl
library ieee;
use ieee.std_logic_1164.all;
```

· 205 ·

```
use ieee.std_logic_unsigned.all;
entity signal2 is                                --递减锯齿波signal2
    port(clk,reset:in std_logic;                 --复位信号reset，时钟信号clk
    q:out std_logic_vector(7 downto 0));         --输出信号q，8位数字信号
end signal2;
architecture a of signal2 is
begin
process(clk,reset)
variable tmp:std_logic_vector(7 downto 0);
begin
if reset='0' then
  tmp:="11111111";
elsif rising_edge(clk) then
  if tmp="00000000" then
    tmp:="11111111";
    else
    tmp:=tmp-1;                                  --递减信号的变化
    end if;
  end if;
q<=tmp;
end process;
end a;
```

递减锯齿波模块电路仿真波形如图 5-43 所示，可见输出的数字信号为递减规律变化。

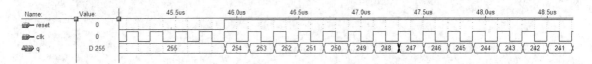

图 5-43 递减锯齿波模块的仿真波形

（3）三角波模块。三角波模块电路如图 5-44 所示，相应的 VHDL 程序如下：

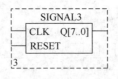

图 5-44 三角波模块

```
library ieee;
use ieee.std_logic_1164.all;
use ieee.std_logic_unsigned.all;
entity signal3 is                                --三角波signal3
    port(clk,reset:in std_logic;                 --复位信号reset，时钟信号clk
    q:out std_logic_vector(7 downto 0));         --输出信号q，8位数字信号
end signal3;
architecture a of signal3 is
begin
```

```
process(clk,reset)
variable tmp:std logic vector(7 downto 0);
variable a:std logic;
begin
 if reset='0' then
        tmp:="00000000";
     elsif clk'event and clk='1'then
         if a='0' then
             if tmp="11111110" then
                 tmp:="11111111";
                 a:='1';
             else
                 tmp:=tmp+1;
             end if;
     else
         if tmp="00000001" then
             tmp:="00000000";
             a:='0';
         else
             tmp:=tmp-1;
         end if;
         end if;
  end if;
     q<=tmp;
end process;
end a;
```

三角波模块电路仿真波形如图 5-45 所示，输出的数字信号先递增至最大（255），再递减，所以为三角波规律变化。

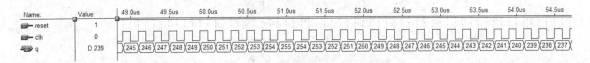

图 5-45 三角波模块的仿真波形

（4）阶梯波模块。阶梯波模块电路如图 5-46 所示，相应的 VHDL 程序如下：

图 5-46 阶梯波模块

```
use ieee.std logic 1164.all;
use ieee.std logic unsigned.all;
entity signal4 is                                --阶梯波signal4
    port(clk,reset:in std_logic;                 --复位信号reset，时钟信号clk
```

```
            q:out std_logic_vector(7 downto 0));        --输出信号q，8位数字信号
        end signal4;
        architecture a of signal4 is
         begin
        process(clk,reset)
        variable tmp:std_logic_vector(7 downto 0);
        begin
        if reset='0' then
          tmp:="00000000";
        elsif clk'event and clk='1'then
          if tmp="11111111" then
            tmp:="00000000";
            else
            tmp:=tmp+16;                                --阶梯信号的产生
            end if;
        end if;
        q<=tmp;
        end process;
        end a;
```

阶梯波模块电路仿真波形如图 5-47 所示，输出的数字信号为阶梯规律变化。

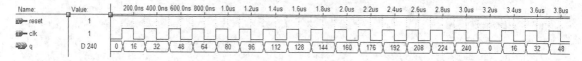

图 5-47　阶梯波模块的仿真波形

（5）方波模块。方波模块电路如图 5-48 所示，相应的 VHDL 程序如下：

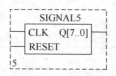

图 5-48　方波模块

```
        library ieee;
        use ieee.std_logic_1164.all;
        use ieee.std_logic_unsigned.all;
        entity signal5 is                               --方波signal5
            port(clk,reset:in std_logic;                --复位信号reset，时钟信号clk
            q:out std_logic_vector(7 downto 0));        --输出信号q，8位数字信号
        end signal5;
        architecture a of signal5 is
        signal a:std_logic;
        begin
        process(clk,reset)
        variable tmp:std_logic_vector(7 downto 0);
        begin
        if reset='0' then
```

```vhdl
        a<='0';
   elsif rising_edge(clk)then
      if tmp="11111111" then
         tmp:="00000000";
      else
tmp:=tmp+1;
      end if;
      if tmp<="10000000" then
      a<='1';
      else
      a<='0';
      end if;
   end if;
   end process;
   process(clk,a)
   begin
   if clk'event and clk='1'then
      if a='1' then
         q<="11111111";
      else
         q<="00000000";
      end if;
   end if;
   end process;
   end a;
```

方波模块电路仿真波形如图 5-49 所示，输出的数字信号只有低电平、高电平两种信息，为方波规律变化。

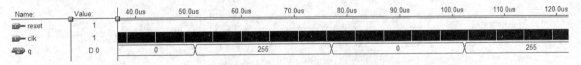

图 5-49 方波模块的仿真波形

（6）数据选择器模块。5 选 1 数据选择器模块电路如图 5-50 所示，相应的 VHDL 程序如下：

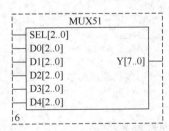

图 5-50 数据选择器模块

```vhdl
library ieee;
use ieee.std_logic_1164.all;
entity MUX51 is
```

```
port(sel:in std_logic_vector(2 downto 0);
     d0,d1,d2,d3,d4:in std_logic_vector(7 downto 0);
     y:out std_logic_vector(7 downto 0));
end MUX51;
architecture AA of MUX51 is
   begin
Y<=d0 when sel="000"else
   d1 when sel="001"else
         d2 when sel="010"else
         d3 when sel="011"else
         d4 when sel="100"else
      "ZZZZZZZZ";
end AA;
```

2. 顶层模块设计

将上述 6 个模块按图 5-51 所示连接起来构成顶层模块，即完成了多功能信号发生器的电路设计。

需要特别注意的是，所有这些电路都应当在一个目录下进行编译，或者在一个工程项目下进行设计管理，否则无法进行调用。

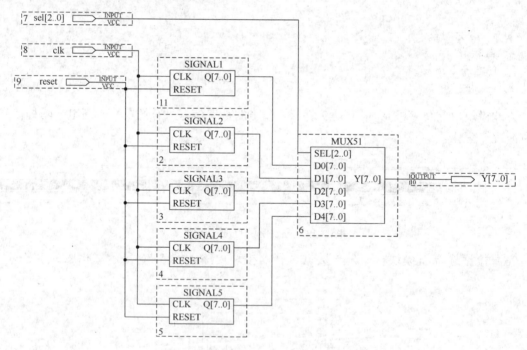

图 5-51 多功能信号发生器顶层电路

3. D/A 转换器的连接

选择一个 D/A 转换器，将数据选择器的输出与 D/A 转换器的输入端连接。D/A 转换器的可选范围很宽，这里以常用的 DAC0832 为例，DAC0832 的连接电路如图 5-52 所示。

项目 5　EDA 技术综合实践

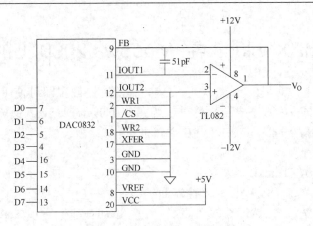

图 5-52　DAC0832 的连接电路

4. 系统仿真

多功能信号发生器顶层电路的仿真波形如图 5-53 所示。这里只就输入选择信号 sel 等于 4 时的情况进行仿真，此时输出波形是方波，输出的数字信号为周期性的全 0 或全 1。

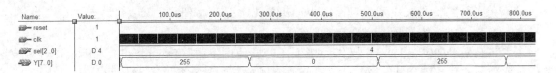

图 5-53　多功能信号发生器顶层电路的仿真波形

附表：项目训练评定表

项目训练评价单	任务名称 （　　）数字系统设计		姓　　名		学　　号	
检查人	检查开始时间	检查结束时间		评价开始时间		评价结束时间
评 分 内 容		标准分值	自我评价（20%）		小组评价（30%）	教师评价（50%）
1．确定设计方案		15				
2．各模块 VHDL 设计		20				
3．指定器件型号、引脚锁定		15				
4．保存、编译文件		14				
5．生成波形文件并仿真		20				
6．编程下载与配置		16				
总分（满分 100 分）：						
教师评语：						
被检查人签名		日期		组长签名	日期	教师签名　　日期

※评定等级分为优秀（90 分以上）、良好（80 分以上）、及格（60 分以上）、不及格（60 分以下）。

附录 A MAX+plusII 在 Windows 2000 上的安装设置

在 Windows 98 上，MAX+plusII 一旦安装完毕，经过设置即可使用硬件下载功能。但在 Windows 2000 下的安装，除了安装软件外，为了使用 ByteBlaster（MV）下载功能，还必须安装硬件驱动，以支持 MAX+plusII 对 PC 并口的操作。

具体操作步骤如下。

（1）首先安装 MAX+plusII 软件。

（2）选择"开始"→"设置"→"控制面板"。

（3）双击"游戏选项"，然后选择"添加"→"添加其他"→"从磁盘安装"命令，再单击"浏览"按钮浏览驱动所在的目录：MAX+plusII 的安装目录\dirvers\win2000。

（4）选择"WIN2000.inf"，单击"确定"按钮。

（5）在"数字签名未找到"对话框中，单击"是"按钮。

（6）在"选择一个设备驱动程序"窗口中，选择"Altera ByteBlaster"，并单击"下一步"按钮。

（7）在"数字签名未找到"对话框中，仍单击"是"按钮。

（8）安装完成，依提示，重新启动计算机。

在 Windows NT/Windows 7 操作环境下，若要使用下载（Download）功能，同样要安装驱动，安装方法可参考以上在 Windows 2000 上的安装方法进行，在此不再赘述。

附录 B 常用 FPGA/CPLD 引脚图

图 B-1～图 B-6 是几种常用 FPGA/CPLD 芯片的引脚排列图。

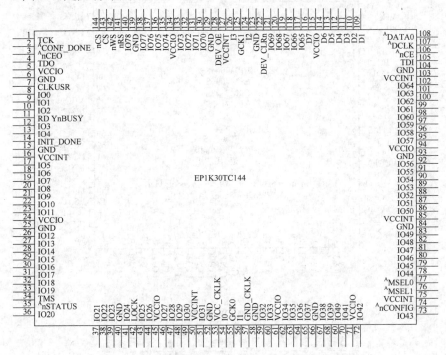

图 B-1 Altera ACEX 系列 EP1K30TC144 芯片引脚排列图

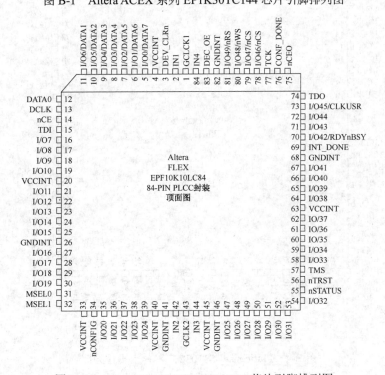

图 B-2 Altera FLEX EPF10K10LC84 芯片引脚排列图

图 B-3　Altera EPM7064S 芯片引脚排列图

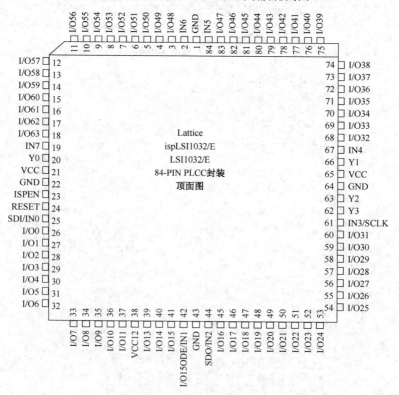

图 B-4　Lattice ispLS11032/E 芯片引脚排列图

附录 B 常用 FPGA/CPLD 引脚图

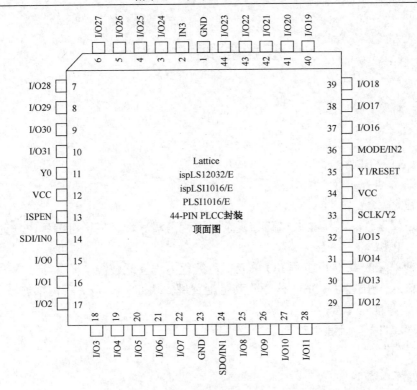

图 B-5 Lattice ispLS12032/E 芯片引脚排列图

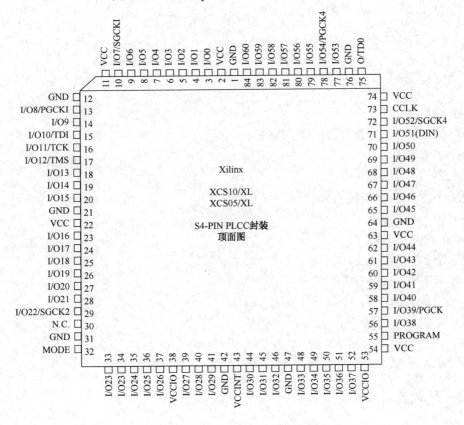

图 B-6 Xilinx XCS10/XL 芯片引脚排列图

参考答案

项目 1

1. 填空题

（1）CAD、CAE、EDA
（2）文本、图形
（3）工程项目名
（4）可编程逻辑器件、专用集成电路、复杂可编程逻辑器件、现场可编程门阵列
（5）CPLD、FPGA
（6）逻辑阵列单元 LAB、可编程 I/O 单元、可编程内部互联资源
（7）可编程输入/输出模块 IOB、核心阵列可配置逻辑块 CLB、可编程内部连线 PI
（8）与-或阵列、能、不会
（9）查找表（LUT）、不能、会
（10）编程、配置

2. 选择题

（1）B （2）C （3）A （4）B （5）B （6）D （7）A （8）B （9）D （10）C

项目 2

1. 填空题

（1）设计实体
（2）库 、 程序包、实体、结构体、配置
（3）实体、结构体
（4）事先声明
（5）IEEE 、 STD_LOGIC_1164
（6）实体声明、结构体
（7）输入出端口、引脚
（8）逻辑结构、逻辑功能
（9）输入、输出、双向、缓冲
（10）字母开头、下划线
（11）常量、变量、信号
（12）:= 、 := 、 <=
（13）标量类型、复合类型、存储类型、文件类型
（14）九
（15）逻辑、算术、关系、并置

2. 选择题

（1）A　（2）D　（3）B　（4）A　（5）B　（6）C　（7）D　（8）D　（9）A　（10）C
（11）B　（12）B　（13）C　（14）A　（15）D　（16）D　（17）A　（18）C　（19）D
（20）C

3. 简答题

（1）四类

逻辑操作符

关系操作符

算数操作符

符号操作符

（2）进程语句的语法结构格式为：

```
[进程名称:] process  [信号量1，信号量2，…]  [is]
         [进程说明区]--说明用于该进程的常数，变量和子程序
     begin
         变量和信号赋值语句；
         顺序语句；
end process  [进程名称];
```

在进行较大电路系统设计时，通常将一个系统划分为多个模块，并对各个模块分别进行 VHDL 设计，这些模块的功能是并发的，即进程语句是在结构体中用来描述特定电路功能的程序模块，一个结构体中可以包含多个进程语句设计，各个进程语句是并行执行的，进程之间可以通过信号量进行相互通信。但每一个进程语句内部的各个语句是顺序执行的，即进程语句同时具有并行描述语句和顺序描述语句的特点。

（3）信号赋值可以有延迟时间，变量赋值无时间延迟

信号除当前值外还有相关值，变量只有当前值

进程对信号敏感，对变量不敏感

信号可以是多个进程的全局信号，但变量只在定义它之后的顺序域可见

信号可以看作硬件的一根连线，但变量无此对应关系

（4）case 语句的结构如下：

```
     case 表达式 is
when 选择值=>顺序语句；
when 选择值=>顺序语句；
[when others=>顺序语句；]
     end case;
```

需要注意以下几点：

条件句中的选择值必须在表达式的取值范围内。

除非所有条件句中的选择值能完整覆盖 case 语句中表达式的取值，否则最末一个条件句中的选择必须用"others"表示。

case 语句执行中必须选中，且只能选中所列条件语句中的一条。

case 语句中每一条件句的选择只能出现一次，不能有相同选择值的条件语句出现。

（5）11 进程语句
块语句
并行信号赋值语句
条件信号赋值语句
元件例化语句
生成语句
并行过程调用语句
（6）信号赋值语句
变量赋值语句
进程启动语句
子程序调用语句
顺序描述语句
进程跳出语句
（7）等待语句
赋值语句
转向控制语句
子程序调用语句
返回语句
空操作语句

（8）在 VHDL 语言中，凡是可以赋予一个值的客体称为对象（object）。VHDL 对象包含有专门数据类型，主要有 4 个基本类型：常量（constant）、信号（signal）、变量（variable）和文件（files）。

（9）4 种

```
IN
OUT
INOUT
BUFFER
```

（10）枚举型
整数型
数组类型
记录类型
时间类型
实数类型

项目3

1. VHDL 程序填空

（1）c xnor d、b xor f

（2）entity、architecture

（3）begin、"1011011"、"0000000"

（4）3

（5）0、i in 0 to 6、count+1、3
（6）integer、255

2. 编写程序

（1）

--1位半减器的描述

```
library ieee;
use ieee.std logic 1164.all;
entity half sub is
port(a,b : in std logic;
diff,cout : out std logic);
end half sub;
architecture art of half sub is
begin
cout<=    not a and b 18    ;        --借位
diff<=    a xor b 19    ;             --差
end ;
--1位全减器描述
library ieee;
use ieee.std logic 1164.all;
entity falf sub is
 port(a,b,cin: in std logic;
      diff,cout : out std logic);
end falf sub;
architecture art of falf sub is
component half sub
 port(a,b : in std logic;
      diff,cout : out std logic);
end component;
signal t0,t1,t2:std logic;
begin
u1: half sub port map(a,b,t0,t1);
u2: half sub port map(t0,cin,diff,t2);
cout<= t1 or t2    ;
end ;
```

（2）

```
library ieee ;
use  ieee.std logic 1164.all ;
use  ieee.std logic arith.all ;
use  ieee.std logic unsigned.all ;
entity selc is
 port (data: in std logic vector( 15 downto 0);
       s : in std logic vector( 3 downto 0) ;
       z : out std logic) ;
end selc;
architecture  conc behave of selc is
begin
```

```
        z<= data(0) when s="0000" else
            data(1) when s="0001" else
            data(2) when s="0010" else
            data(3) when s="0011" else
            data(4) when s="0100" else
            data(5) when s="0101" else
            data(6) when s="0110" else
            data(7) when s="0111" else
            data(8) when s="1000" else
            data(9) when s="1001" else
            data(10) when s="1010" else
            data(11) when s="1011" else
            data(12) when s="1100" else
            data(13) when s="1101" else
            data(14) when s="1110" else
            data(15) when s="1111" else
            '0' ;
    end conc_behave;
```

(3)
```
    library ieee;
    use ieee.std_logic_1164.all;
    entity jiaoyan is
    port (   d :in std_logic_vector(3 downto 0);
         p,np:out std_logic);
    end jiaoyan;
    architecture a of jiaoyan is
    signal tmp1,tmp2,tmp3:std_logic;
    begin
    tmp1<=d(3)xor d(2);
    tmp2<=d(1)xor d(0);
    tmp3<=tmp1 xor tmp2;
    np<=tmp3 xor '1';
    p<=tmp3 xor '0';
    end a;
```

(4)
```
    library ieee;
    use ieee.std_logic_1164.all;
    use ieee.std_logic_unsigned.all;
    entity bin2bcd is
    port (   bin_in:in std_logic_vector(3 downto 0);
         bcd_out: out std_logic_vector(4 downto 0));
    end bin2bcd;
    architecture a of bin2bcd is
    begin
    bcd_out<="00000" when bin_in="0000" else
             "00001" when bin_in="0001" else
             "00010" when bin_in="0010" else
             "00011" when bin_in="0011" else
```

```
            "00100" when bin in="0100" else
            "00101" when bin in="0101" else
            "00110" when bin in="0110" else
            "00111" when bin in="0111" else
            "01000" when bin in="1000" else
            "01001" when bin in="1001" else
            "10000" when bin in="1010" else
            "10001" when bin in="1011" else
            "10010" when bin in="1100" else
            "10011" when bin in="1101" else
            "10100" when bin in="1110" else
            "10101" when bin in="1111" else
            "00000";
    end a;
```

(5)
```
    library ieee ;
    use ieee.std logic 1164.all;
    entity coder is
        port (   din : in std logic vector(9 downto 0);
              output : out std logic vector(3 downto 0));
    end coder;
    architecture behav of coder is
        signal sin : std logic vector(3 downto 0);
        begin
        process (din)
            begin
                if (din(9)='0') then  sin <= "1001" ;
            elsif (din(8)='0') then  sin <= "1000" ;
            elsif (din(7)='0') then  sin <= "0111" ;
            elsif (din(6)='0') then  sin <= "0110" ;
            elsif (din(5)='0') then  sin <= "0101" ;
            elsif (din(4)='0') then  sin <= "0100" ;
            elsif (din(3)='0') then  sin <= "0011" ;
            elsif (din(2)='0') then  sin <= "0010" ;
            elsif (din(1)='0') then  sin <= "0001" ;
             else  sin <= "0000" ;
                end if;
            end process ;
            output <= sin ;
    end behav;
```

项目4

1. VHDL 程序填空。

(1)

    std_logic_1164、cnt10、begin、clk'event and clk = '1'、 q <= q1

(2)

    in、(7 downto 0)、sreg8b begin、rst、end if、end process

2. 编写程序

(1)
```
library ieee ;
use ieee.std_logic_1164.all ;
entity cydffas is
port (    clk, clr, pset : in std_logic ;
              datain : in std_logic ;
              dataout : out std_logic ) ;
end entity cydffas ;
architecture behave of cydffas is
begin
cydffas_inst : process ( clk, clr, pset )
begin
    if ( pset = '1' ) then
        dataout <= '1' ;      -- 异步置位,置1
    elsif ( clr = '1' ) then
        dataout <= '0' ;      -- 异步复位,清0
    elsif ( clk='1' and clk'last_value='0' and clk'event)then
 -- 时钟上升沿
        dataout <= datain ;
    end if ;
end process cydffas_inst ;
end architecture behave ;
```

(2)
```
library ieee ;
use ieee.std_logic_1164.all ;
entity cyjkff is
port (    aset, aclr, clk : in std_logic ;
              j, k : in std_logic ;
              q, qb : out std_logic ) ;
end entity cyjkff ;
architecture behave of cyjkff is
signal q_temp, qb_temp : std_logic ;
begin
cyjkff_inst : process ( aset, aclr, clk, j, k )
begin
    q <= q_temp ;
    qb <= qb_temp ;
    if ( aset = '1' and aclr = '0' ) then
-- 置位信号aset高电平有效
        q_temp <= '1' ;              --JK触发器置位
        qb_temp <= '0' ;
    elsif ( aset = '0' and aclr = '1' ) then
 --复位信号aclr高电平有效
        q_temp <= '0' ;              --JK触发器复位
        qb_temp <= '1' ;
    elsif ( clk='1' and clk'event ) then  -- 时钟上升沿到来
        if ( j = '0' and k = '1' ) then
```

```
                    q temp   <=  '0' ;
                    qb temp  <=  '1' ;
              elsif ( j = '1' and k = '0' ) then
                    q temp   <=  '1' ;
                    qb temp  <=  '0' ;
              elsif ( j = '1' and k = '1' ) then
--  JK触发器输出翻转
                    q temp   <=  not q ;
                    qb temp  <=  not qb ;
              else
                    q temp   <=  q ;
                    qb temp  <=  qb ;
              end if ;
       end if ;
end process cyjkff inst ;
end architecture behave ;
```

(3)
```
library ieee ;
use ieee.std logic 1164.all ;
use ieee.std logic arith.all ;
use ieee.std logic unsigned.all ;
entity cnten counter12 is
port (  clr, clk, cnt en : in std logic ;
        qa, qb, qc, qd : out std logic ) ;
end entity cnten counter12 ;
architecture rtl of cnten counter12 is
signal temp : std logic vector ( 3 downto 0 ) ;
begin
qd <= temp ( 3 ) ;   -- 4个输出数据信号
qc <= temp ( 2 ) ;
qb <= temp ( 1 ) ;
qa <= temp ( 0 ) ;
cnten counter12 inst : process ( clr, clk )
begin
    if ( clr = '1' ) then    -- 器件复位,输出端清0
            temp <= "0000" ;
elsif ( clk = '1' and clk'last value='0' and clk'event ) then
       if ( cnt_en = '1' ) then  -- 计数使能信号有效
           if ( temp = "1011" ) then  -- 当temp是11时,已经计到最大了
               temp <= "0000" ;
           else
               temp <= temp + '1' ;  -- 递增计数
           end if ;
       end if ;
    end if ;
end process cnten counter12 inst ;
end architecture rtl ;
```

(4)
```vhdl
library ieee ;
use ieee.std_logic_1164.all ;
use ieee.std_logic_unsigned.all ;
entity updown_counter8 is
port (  clk, clr, updown : in std_logic ;
                q : out std_logic_vector ( 7 downto 0 ) ) ;
end entity updown_counter8 ;
architecture rtl of updown_counter8 is
signal temp_count : std_logic_vector ( 7 downto 0 ) ;
begin
q <= temp_count ;
updown_counter8_inst : process ( clr, clk )
begin
        if ( clr = '1' ) then       -- 对加/减计数器复位
            temp_count <= "00000000" ;
        elsif( clk = '1' and clk'last_value='0' and clk'event ) then
            if ( updown = '1' ) then
                temp_count <= temp_count + '1' ;  -- 加计数
            else
                temp_count <= temp_count - '1' ;  -- 减计数
            end if ;
        end if ;
end process updown_counter8_inst ;
end architecture rtl ;
```

(5)
```vhdl
library ieee ;
use ieee.std_logic_1164.all ;
entity cyregister is
port (   clk : in std_logic ;
        datain : in std_logic_vector ( 9 downto 0 ) ;
        dataout : out std_logic_vector ( 9 downto 0 ) ) ;
end entity cyregister ;
architecture behave of cyregister is
begin
cyregister_inst : process ( clk )
begin
        if ( clk='1' and clk'last_value='0' and clk'event ) then
            dataout <= datain ;
        end if ;
end process cyregister_inst ;

end architecture behave ;
```

参 考 文 献

[1] 潘松,黄继业. EDA 技术实用教程[M]. 3 版. 北京:科学出版社,2006.
[2] 黄仁欣. EDA 技术实用教程[M]. 北京:清华大学出版社,2006.
[3] 付家才. EDA 工程实践技术[M]. 北京:化学工业出版社,2005.
[4] 宋烈武. EDA 技术与实践教程[M]. 北京:电子工业出版社,2009.
[5] 王志鹏,付立琴. 可编程逻辑器件开发技术 MAX+plus II[M]. 北京:国防工业出版社,2005.
[6] 高锐,高芳. 可编程逻辑器件设计项目教程[M]. 北京:机械工业出版社,2012.
[7] 谭会生,张昌凡. EDA 技术及应用(第 3 版)[M]. 西安:西安电子科技大学出版社,2011.
[8] 金西. VHDL 与复杂数字系统设计[M]. 西安:西安电子科技大学出版社,2003.
[9] 王正勇,李国军,霍福翠. EDA 技术与应用教程[M]. 北京:高等教育出版社,2012.
[10] 刘春龙,龙建飞. CPLD 应用技术实用教程[M]. 北京:机械工业出版社,2012.
[11] http://www.altera.com/(Altera 公司网站).

反侵权盗版声明

电子工业出版社依法对本作品享有专有出版权。任何未经权利人书面许可,复制、销售或通过信息网络传播本作品的行为;歪曲、篡改、剽窃本作品的行为,均违反《中华人民共和国著作权法》,其行为人应承担相应的民事责任和行政责任,构成犯罪的,将被依法追究刑事责任。

为了维护市场秩序,保护权利人的合法权益,我社将依法查处和打击侵权盗版的单位和个人。欢迎社会各界人士积极举报侵权盗版行为,本社将奖励举报有功人员,并保证举报人的信息不被泄露。

举报电话:(010)88254396;(010)88258888
传　　真:(010)88254397
E - m a i l:dbqq@phei.com.cn
通信地址:北京市万寿路173信箱
　　　　　电子工业出版社总编办公室
邮　　编:100036